高等院校化学化工实验教学改革系列教材

U0162737

应用化学综合实验

YINGYONG HUAXUE ZONGHE SHIYAN

编 著　刘光祥

参 编　胡耀娟　单　云

　　　　刘苏莉　喻　敏

　　　　张长丽

特配电子资源

◎ 视频学习

◎ 拓展阅读

◎ 互动交流

南京大学出版社

图书在版编目(CIP)数据

应用化学综合实验 / 刘光祥编著. — 南京：南京
大学出版社，2024.6
ISBN 978 - 7 - 305 - 27570 - 8

Ⅰ. ①应… Ⅱ. ①刘… Ⅲ. ①应用化学－化学实验－
高等学校－教材 Ⅳ. ①O69 - 33

中国国家版本馆 CIP 数据核字(2024)第 015957 号

出版发行　南京大学出版社
社　　址　南京市汉口路 22 号　　　邮　　编　210093
书　　名　**应用化学综合实验**
　　　　　YINGYONG HUAXUE ZONGHE SHIYAN
编　　著　刘光祥
责任编辑　高司详　　　　　　　　编辑热线　025 - 83596997
照　　排　南京开卷文化传媒有限公司
印　　刷　南京京新印刷有限公司
开　　本　718 mm×1000 mm　1/16　印张 9.75　字数 205 千
版　　次　2024 年 6 月第 1 版　2024 年 6 月第 1 次印刷
ISBN　978 - 7 - 305 - 27570 - 8
定　　价　35.00 元

网　　址:http://www.njupco.com
官方微博:http://weibo.com/njupco
微信服务号:njuyuexue
销售咨询热线:(025)83594756

前　言

教育部提出的"新工科"建设要求培养与社会需求紧密对接、科学基础厚、工程能力强、综合素质高的新型人才。南京晓庄学院应用化学专业是理科专业，如何推动理科向工科延伸，体现化学面向应用的发展思路，使专业人才培养能够更好地适应新技术、新产业、新业态的发展需要，是当前新工科背景下亟待解决的关键问题。

应用化学综合实验是专业教学体系的重要组成部分，内容涉及化学、化工、材料、生命、环境、能源、医药等多学科交叉领域，知识面广，综合性强，在专业人才培养中发挥着基础性、关键性作用，也是体现专业特色和优势的重要抓手。作为一门多学科交叉的综合性实验课程，应用化学综合实验可培养学生的综合素质和科研创新能力，还能将专业知识和实际应用有机融合，培养学生运用所学知识和技能解决复杂问题的能力。

本教材是对标国家"新工科"建设要求，结合本专业特点和优势，按照"强化设计、注重综合、培养创新、提高能力"原则编写而成。教材以培养学生的科研素养和创新能力为目标，内容反映学科前沿知识和学科发展脉络，强调多学科知识的交叉、融合和综合运用，体现了综合性、设计性和研究性。教材包含 4 个模块，共计 19 个实验。模块一为化学测量学——复杂体系的分离分析，共 6 个实验；模块二为绿色合成化学，共 5 个实验；模块三为环境友好材料，共 5 个实验；模块四为能源材料化学，共 3 个实验。编写人员分工如下：胡耀娟、张长丽（模块一　化学测量学——复杂体系的分离分析），刘光祥、喻敏（模块二　绿色合成化学），单云（模块三　环境友好材料），刘苏莉（模块四　能源材料化学）。其他参编的老师有段海宝、何凤云、王颖、黄芳、陈昌云、郑波、潘兆瑞、杨晶晶、李健、王晓波、刘景亮、马李刚、陆玉正、徐小兵。全书最后由刘光祥、张长丽统稿和审阅。

　　本书编写中,参考了部分国内外化学实验教材和文献资料,得到南京晓庄学院教育教学研究与改革项目("教材建设"主题)基金支持,得到许多老师的大力支持和热情帮助,在此表示衷心的感谢!

　　由于编者水平有限,书中难免会有疏漏和错误之处,恳请专家和读者批评指正。

编　者

2024 年 5 月

目　录

模块一

化学测量学——复杂体系的分离分析

　　化学测量学是研究物质的组成和结构,确定物质在不同状态和演变过程中化学成分、含量、时空分布和相互作用的量测科学,旨在发展化学测量相关的原理、策略、方法与技术,研制各类分析仪器、装置及相关软件,以获取物质组成、分布、结构、性质的信息与时空变化规律。

　　化学测量学是研究化学的测量方法和技术的科学,是化学科学最早、最重要的发展分支之一。利用物质间和物质与各种力场间相互作用的规律以及科学技术的最新成就,广泛吸纳和应用所涉及的自然科学技术和人工智能数据提取方法,最大限度地获取所需信息和有关科学数据,实现对物质化学成分、组成、结构及其功能的认知。通过与物理、生物、数学、材料、信息等相关学科的交叉与融合,化学测量学已经形成自己的理论体系,并诞生了新的生长点和前瞻性研究方向:从传统的容量分析发展到现代的仪器分析;从光谱、电化学、色谱、质谱、核磁共振、热分析拓展到成像分析、纳米分析、微纳流控分析;从无机、有机分析扩展到生命过程化学信息的获取;从常量、微量、痕量分析到单颗粒、单细胞、单分子、活体分析;从简单物质的鉴定、单一信号的获取到复杂生命体系的高通量检测与海量数据挖掘。其他学科领域的发展,不断向化学测量学提出新的、更高的需求和挑战,这对测量方法和检测仪器的不断进步起到了积极的推动作用。复杂生命过程、先进材料创制、新型能源、食品安全、环境问题和特种空间等物质信息和数据的获取,使化学测量学步入新的发展时期。

　　复杂体系的分离分析是化学测量学重点研究方向之一。比如,与环境保护有关的各类污染物的分离分析,与人类健康有关的食品各组分的分离分析等。研究的热点是开发新型的样品前处理方法和检测方法。

样品前处理方法对于简化分析过程、提高分析精度和效率具有重要意义。样品前处理主要涉及 4 个步骤,即待测物的化学转移、两相分配、相的物理分离和外场下的迁移。传统样品前处理方式主要有液-液萃取法、索氏萃取法、蒸馏法、离心法、沉淀分离法和离子交换法等,不仅相当费时、费力和不容易实现高度自动化作业,而且都需要使用很多有机溶剂(烃类、氯化物溶剂等),这些有机溶剂往往价格较贵,且大多具有一定毒性,大量使用会对环境造成污染,危害人们身体健康。最理想的样品前处理方法应当具有高效、高度选择性、较低检出限以及高准确度等特点,应是能够减少有机溶液使用、与数量众多的化学分离仪器相结合的一项创新科技。目前常用的样品前处理方式主要有:浓缩法、有机物破坏法、溶剂提取法、蒸馏法、色谱分离法和化学分离法等。本模块的实验项目围绕不同的样品前处理方法展开实验,在实际样品前处理过程中,应根据样品的状态、待测目标物和基质的理化性质、分析检验的要求和仪器条件等,并结合实际情况采取合适的前处理技术。为了满足更高的质量控制要求,实现高效简便的分析检测,样品前处理方法正在向低溶剂消耗、复杂体系痕量分析、采样萃取富集检测一体化的方向发展。

复杂体系的分析对象是复杂的混合物,样品含量可能是痕量;分析方法和仪器涉及化学、生物、电学、光学、计算机等多学科。这就要求培养分析人员实验操作技能和解决实际分析问题的综合能力与素质。分析者在接受分析任务时,通常需要自行选用合适的仪器和分析程序,这就要求分析者能够对所有分析仪器和分析方法有全面的了解。要求分析者有更多的实验时间加强综合训练,熟悉多种分析方法、分析仪器和计算机的应用。

化学测量学作为化学科学的研究方向及现代工业发展支撑之一,对于我国整体科技水平的提高具有现实意义。通过本模块的训练,帮助学生成为"实际问题解决者",使其能够利用分析化学中综合分析的"剖析技术",为现代社会发展做出独特的贡献。

参考文献

[1] 王敬尊.分析化学的"昨天、今天和明天"[J].大学化学,2018,33(8):47-51.

[2] 王春霞,毛兰群,黄岩谊,等.化学测量学"十四五"发展规划概述[J].中国科学:化学,2021,51(7):944-957.

[3] 霍冀川,张树永,朱亚先,等.基于化学的"化学测量学与技术"新工科专业建设建议[J].大学化学,2020,35(10):11-16.

实验1 含乳饮料中食品添加剂的样品前处理及测定

食品添加剂是指为了改善食品品质、色香味以及满足防腐和加工工艺的需要而加入食品的天然或化学合成物质。食品添加剂种类很多,包括着色剂、酶制剂、香料、膨松剂、甜味剂、抗氧化剂、防腐剂、增稠剂、漂白剂、抗结剂、营养增强剂等。为了保证食品安全,食品添加剂的使用量应该符合食品安全国家标准,食品添加剂的含量一般较低,需采用仪器分析方法进行测定。测定金属元素一般采用原子光谱法,如原子吸收光谱、原子反射光谱等。测定沸点较低、热稳定性好的有机物一般采用气相色谱方法,而对于沸点较高的有机物则可以采用液相色谱法进行测定。

娃哈哈 AD 钙奶是一款受儿童欢迎的饮品,其配料表如图 1-1 所示:

配料表:纯净水、白砂糖、酸度调节剂、碳酸钙、羧甲基纤维素钠、食用香精、
　　　　山梨酸钾、阿斯巴甜(含苯丙氨酸)、安赛蜜、维生素 A、维生素 D
净含量:220 mL
营养成分表　　Nutrition Facts(每 100 mL 产品中含):
钙　　　　　　40～80 mg
维生素 A　　　30～100 μg
维生素 D　　　1～4 μg
蛋白质　　　　≥1.0 g
脂肪　　　　　≥0.5 g
碳水化合物　　≥7.0 g
矿物质　　　　≥300 μg

图 1-1　娃哈哈 AD 钙奶配料表

从配料表中可以看出,该产品中含有防腐剂——山梨酸钾,甜味剂——阿斯巴甜和安赛蜜,营养增强剂——碳酸钙、维生素 A 和维生素 D 等。其中山

梨酸钾、阿斯巴甜和安赛蜜含量未给出,而这些物质的含量应该符合国家食品安全标准,同时,碳酸钙含量应该与产品标签上的标示量一致。

(一)分散液-液微萃取气相色谱法测定食品中的防腐剂

一、实验目的

1. 理解气相色谱分析中对测试溶液的要求。
2. 掌握分散液-液微萃取的原理和基本操作。
3. 掌握实际样品加标回收率实验方法。

二、实验原理

山梨酸和苯甲酸是两种常见的防腐剂,广泛用于食品中。但是根据食品安全国家标准的规定,食品防腐剂的含量不能超过一定的限量,如含乳饮料中的山梨酸和苯甲酸的限量均为 1 mg/kg。根据食品安全国家标准,食品中苯甲酸、山梨酸和糖精钠的含量采用传统的液-液萃取方法测定。本实验利用分散液-液微萃取法提取液体食品中的山梨酸和苯甲酸,以弱极性毛细管柱分离山梨酸和苯甲酸,以 FID(氢火焰离子化检测器)为检测器,利用保留时间定性确定样品中的防腐剂种类,并采用直接比较法确定防腐剂含量。

三、实验仪器与试剂

1. 仪器

毛细管气相色谱仪(配 FID 检测器),超声波清洗仪,电子天平,高速离心机,小型离心机,涡旋振荡仪,容量瓶(5 mL、25 mL、100 mL),塑料离心管(1 mL、10 mL),多功能离心管架,移液枪(100 μL),气相色谱进样针(5 μL)。

2. 毛细管气相色谱仪各参数

色谱条件:Rtx-5 柱,30 m×∅0.3 mm,膜厚 0.25 μm。

载气:N$_2$,99.995%;进样口温度(injection temperature,T_i)=250 ℃。

进样方式(injection mode):分流(split);分流比(split ratio)=20∶1。

流量控制(flow control):线速度;线速(linear velocity)=40 cm/s。

柱温(T_c)=145 ℃;检测器温度(T_D)=250 ℃。

H₂:40 mL/min。尾吹气(N₂):40 mL/min。空气:400 mL/min。氢气:40 mL/min。进样量:1 μL(液)。H₂:0.4 MPa。空气:0.5 MPa。

3. 试剂

浓盐酸,氯化钠,山梨酸,苯甲酸,乙酸锌,亚铁氰化钾,乙酸乙酯,二氯甲烷,乙醇,市售 AD 钙奶。

四、实验步骤

(一)溶液配制

1. 10.0 mg/mL 苯甲酸乙醇溶液和 10.0 mg/mL 山梨酸乙醇溶液的配制

分别准确称取 0.050 0 g 山梨酸和苯甲酸于两个 5 mL 容量瓶中,分别加入乙醇,超声溶解,用乙醇定容,即得。

2. 0.10 mg/mL 苯甲酸乙醇标准溶液和 0.10 mg/mL 山梨酸乙醇标准溶液的配制

分别用移液枪准确移取 10 mg/mL 的苯甲酸和山梨酸乙醇溶液各 0.050 mL 于两个 5 mL 容量瓶,并用乙醇定容,即得。

3. 1 mg/mL 苯甲酸水溶液和 1 mg/mL 山梨酸水溶液的配制

分别准确称取 0.100 0 g 山梨酸和苯甲酸于两个 100 mL 容量瓶中,分别加入 5 mL 乙醇,超声溶解,用水定容至 100 mL,即得。

4. 50 μg/mL 苯甲酸和山梨酸混合标准溶液的配制

分别准确移取 1 mg/mL 的苯甲酸和山梨酸水溶液 5.00 mL 于 100 mL 容量瓶中,用水定容,即得。

5. 1 mol/L 盐酸溶液的配制

移取 42 mL 浓盐酸,加入 500 mL 水,摇匀即得。

6. 12%乙酸锌溶液的配制

称取 60 g 乙酸锌,加水 500 mL 溶解,即得。

7. 12%亚铁氰化钾溶液的配制

称取 60 g 亚铁氰化钾,加水 500 mL 溶解,即得。

8. DEA 萃取剂的配制

准确移取 9.00 mL 二氯甲烷和 1.00 mL 乙酸乙酯,混合均匀,即得。

(二) 样品制备

1. 准确称取 2.5 g 的 AD 钙奶于 25 mL 容量瓶中,用水定容,即得样品试液。

2. 样品试液除蛋白:取样品试液 8.0 mL 于塑料带盖离心管中,加入1.0 mL 12%的乙酸锌溶液和 1.0 mL 12%的亚铁氰化钾溶液沉淀剂,涡旋振荡 2 min 后,离心分离,转速为 12 000 r/min,时间 5 min,移取上层清液备用。

(三) 超声分散液-液微萃取提取样品溶液中的山梨酸和苯甲酸

分别移取 1.00 mL 已除蛋白的样品试液和 1.00 mL 50 μg/mL 苯甲酸和山梨酸混合标准溶于两个 1 mL 带盖尖头离心管中,分别加入少量(2滴)1 mol/L 盐酸溶液,调至溶液 pH 为 3.0 左右,再分次加入适量氯化钠(0.3 g 左右),振摇(涡旋)至完全溶解,继续加入 25 μL DEA 萃取剂,超声 3 min,涡旋 3 min,室温下 4 000 r/min 离心 2 min。将气相色谱进样针插入底层,移取下层溶液 1 μL 进样分析。

(四) 加标回收率实验

准确称取 2.5 g 的 AD 钙奶于 25 mL 容量瓶,加入 0.20 mL 1 mg/mL 的山梨酸和苯甲酸水溶液,用水定容至 25 mL。利用步骤(二)除蛋白后,按步骤(三)进行分散液-液微萃取,移取下层溶液进行气相色谱分析。

(五) 气相色谱分析

1. 分别移取 1 μL 0.10 mg/mL 苯甲酸乙醇标准溶液和山梨酸乙醇标准溶液进样,得到苯甲酸和山梨酸的色谱图,记录苯甲酸和山梨酸的保留时间,用于定性分析。

2. 分别移取 1 μL 苯甲酸和山梨酸混合标准溶液经分散液-液萃取后的萃取液、去蛋白后样品溶液经分散液-液微萃取后的萃取液、加标样品溶液经分散液-液微萃取后的萃取液进样分析,分别记录相应色谱,根据保留时间定性后,记录苯甲酸和山梨酸的峰面积。

五、数据记录与处理

1. 根据山梨酸标准溶液、苯甲酸标准溶液、混合标准溶液、样品溶液、加标样品溶液的色谱图,完成表1-1。

表1-1 山梨酸和苯甲酸的保留时间及峰面积

	保留时间/min	峰面积(保留至整数即可)
山梨酸溶液		
苯甲酸溶液		
50 μg/mL 山梨酸和苯甲酸混合标准溶液(富集后)		
样品溶液		
加标后样品溶液		

2. 根据表1-1判断样品中含有的防腐剂种类,列出样品中所含山梨酸和苯甲酸含量的计算公式,计算相应防腐剂的含量(g/kg),并判断样品中防腐剂是否超标。

3. 加标回收率实验数据。

表1-2 加标回收率实验

	本底值/(g·kg^{-1})	加标值/(g·kg^{-1})	测定值/(g·kg^{-1})	加标回收率/%
山梨酸				
苯甲酸				

4. 根据加标回收率结果评价该样品处理方法是否合适,并判断该饮料中防腐剂是否超标。

六、注意事项

1. 加入 NaCl 时，一定要分次加入，在加入萃取剂 DEA 之前一定要确保加入待萃取溶液中的 NaCl 全部溶解。

2. 萃取离心后一定要注意观察底部的萃取液里是否有固体，当没有固体时才可将微量进样器的底部插入尖头离心管的最下端移取样品，进行气相色谱分析。

3. 每次进样结束后，进样针都要用 DEA 溶液洗 20 次以上，方可再次使用。

七、思考与讨论

1. 食品安全国家标准中气相色谱法测定食品中山梨酸和苯甲酸的样品处理方法是怎样的？

2. 本实验采用的样品前处理方法与国标法相比有何优点和缺点？

参考文献

[1] 中华人民共和国国家卫生和计划生育委员会.食品安全国家标准　食品添加剂使用标准:GB 2760—2014[S].北京:中国标准出版社,2014.

[2] 中华人民共和国国家卫生和计划生育委员会,国家食品药品监督管理总局.食品安全国家标准　食品中苯甲酸、山梨酸和糖精钠的测定:GB 5009.28—2016[S].北京:中国标准出版社,2016.

[3] 杨金玲,江阳,薛勇,等.超声分散液相微萃取-气相色谱法同时测定食品中 11 种防腐剂[J].济宁医学院学报,2015,38(1):47-50,56.

（二）液相色谱法测定 AD 钙奶中的甜味剂

一、实验目的

1. 学习并掌握测定乳制品中痕量物质的常见样品前处理方法。

2.理解液相色谱分析中对测试溶液的要求。

3.掌握加标回收率实验的方法及计算方法。

二、实验原理

甜味剂是一种人工合成或半合成的赋予食品甜味的食品添加剂,是可替代蔗糖的有机化合物。由于其在人体内几乎不被代谢,热量小,具有高强度甜度(甜度是蔗糖的几十倍甚至上百倍),因而被广泛应用在食品中。目前应用比较广泛的甜味剂有糖精钠、阿斯巴甜、安赛蜜等。虽然甜味剂为合法添加剂,但随着使用量逐渐增多,其对生态环境和人类健康存在潜在风险,因此,在国家卫生标准中是有限量要求的。

本实验利用高效液相色谱法(high-performance liquid chromatography, HPLC)对 AD 钙奶中的甜味剂安赛蜜和阿斯巴甜进行测定。AD 钙奶作为一种乳饮料,含有牛乳、增稠剂以及蛋白等,而这些对整个色谱系统,尤其是对液相色谱柱会产生不良影响,因此进行测定前,必须除去蛋白质的干扰。本实验选择乙酸锌溶液和亚铁氰化钾溶液作为蛋白沉淀剂,因为安赛蜜和阿斯巴甜的水溶性较好,可以用水作为提取溶剂,经离心后沉淀蛋白,并将上清液过滤后直接进样,利用反相色谱柱、紫外检测器对两种甜味剂进行同时检测。

三、实验仪器与试剂

1. 仪器

HP1100 高效液相色谱仪(配 G1315B 二极管阵列检测器和 Rev.A.08.03 色谱工作站),超声振荡器,高速离心机,pH 计,电子天平,冰箱,微孔滤膜(水系),移液枪,容量瓶(100 mL、50 mL、25 mL、10 mL)。

2. HP1100 高效液相色谱仪各参数

色谱条件:Symmetry C 18 色谱柱 4.6 mm × 250 mm。检测波长:205 nm。柱温:25 ℃。进样体积:10 μL。

流动相由乙腈和磷酸盐缓冲液(pH=5.0)组成,流速 1.0 mL/min。

梯度洗脱程序:0~4 min,乙腈的体积分数为 5%;4~10 min,乙腈的体积分数由 5% 增至 40%;10~11 min,乙腈的体积分数由 40% 减至 5%。

3. 试剂

乙腈(色谱纯),氢氧化钠、磷酸二氢钠、乙酸锌、亚铁氰化钾均为分析纯,安赛蜜(乙酰磺胺酸钾)标准品、阿斯巴甜标准品,实验用水均为电导率为18.2 MΩ 的去离子水。

四、实验步骤

(一) 溶液配制

1. 10 mmol/L 磷酸盐缓冲液(pH=5.0)的配制

称取 1.200 g 磷酸二氢钠,加水至1 000 mL 溶解,用 0.1 mol/L NaOH 溶液调至 pH=5.0,经 0.45 μm 滤膜过滤,超声脱气 15 min 备用。

2. 12% 的乙酸锌溶液的配制

称取 60 g 乙酸锌,加水 500 mL 溶解,即得。

3. 12% 的亚铁氰化钾溶液的配制

称取 60 g 亚铁氰化钾,加水 500 mL 溶解,即得。

4. 安赛蜜、阿斯巴甜储备液的配制

准确称取各标准品 50.0 mg,加水溶解,转移至 50 mL 容量瓶中,用水定容,此溶液含各标准品浓度均为 1.00 mg/mL。

5. 安赛蜜、阿斯巴甜定性溶液的配制

分别准确吸取安赛蜜、阿斯巴甜标准储备液各 0.50 mL 于两个 25 mL 容量瓶中,得到 20.0 μg/mL 的安赛蜜溶液和阿斯巴甜溶液。

6. 混合标准使用溶液的配制

准确吸取安赛蜜、阿斯巴甜标准储备液各 5.00 mL 于 100 mL 容量瓶中,加水至刻度,得到各甜味剂浓度均为 0.05 mg/mL 的混合标准使用溶液。

7. 系列混合标准液的配制

分别吸取上述混合标准使用溶液 1.00 mL、2.00 mL、4.00 mL、8.00 mL、10.00 mL 于 10 mL 容量瓶,各加水定容至刻度,即得含安赛蜜、阿斯巴甜标准品浓度为5.00 μg/mL、10.0 μg/mL、20.0 μg/mL、40.0 μg/mL、50.0 μg/mL 的系列混合标准液。

（二）样品前处理

称取约 3 g 匀质的乳饮料样品（精确到 0.001 g）于 10 mL 比色管（或 10 mL 带塞塑料离心管）中，加入 12% 的乙酸锌溶液 2.0 mL 和 12% 的亚铁氰化钾溶液 2.0 mL，加水至刻度，摇匀（或超声振荡 30 min），放入冰箱的冷冻格静置 30 min，使蛋白沉淀。将样液以 12 000 r/min 离心 5 min，取上清液过 0.45 μm 滤膜，待液相色谱上机测定。

（三）加标回收率实验

准确称取约 3 g 匀质的乳饮料样品（精确到 0.001 g）于 10 mL 比色管（或 10 mL 带塞塑料离心管）中，依次加入 0.10 mL 的 1.00 mg/mL 的阿斯巴甜和安赛蜜标准储备液，摇匀，按照样品同样的处理方法处理，得到加标以后的样品溶液。

（四）高效液相色谱测定

1. 定性分析

分别移取浓度为 20.00 μg/mL 的安赛蜜和阿斯巴甜标准溶液各 10 μL，分别进样，进行 HPLC 分析，得到安赛蜜和阿巴斯甜的色谱图。

2. 标准曲线的绘制

分别移取浓度为 5.00 μg/mL、10.0 μg/mL、20.0 μg/mL、40.0 μg/mL、50.0 μg/mL 的安赛蜜和阿斯巴甜的混合标准溶液各 10 μL，分别进样，进行 HPLC 分析，得到不同浓度的色谱图。以安赛蜜和阿斯巴甜的浓度为横坐标，以峰面积为纵坐标，线性拟合，绘制标准曲线，得到线性回归方程。

3. 样品测定

分别取样品处理液和加标后的样品溶液，自动进样 1 μL（10 μL），以保留时间定性，根据外标法（或直接比较法）以峰面积定量。

五、数据记录与处理

1. 称取 AD 钙奶的质量：$m_s = $ _____。

2. 阿巴斯甜的保留时间：_____。

安赛蜜的保留时间：_____。

3. 标准溶液及样品溶液中阿斯巴甜和安赛蜜的峰面积数据。

表1-3　标准溶液及样品溶液中阿斯巴甜和安赛蜜的峰面积

样品编号	1	2	3	4	5	样品	加标后的样品
浓度/(μg·mL^{-1})							
A$_{阿斯巴甜}$							
A$_{安赛蜜}$							

根据阿斯巴甜和安赛蜜的峰面积与浓度进行线性拟合,得到的线性回归方程分别为:＿＿＿＿＿＿＿＿＿、＿＿＿＿＿＿＿＿＿。

4. 根据线性回归方程计算测试液中阿斯巴甜与安赛蜜的浓度,并计算样品中所含阿斯巴甜与安赛蜜的含量(以 mg/kg 表示)。

5. 加标回收率实验数据。

表1-4　加标回收率实验数据

	本底值/(mg·kg^{-1})	加标值/(mg·kg^{-1})	测定值/(mg·kg^{-1})	加标回收率/%
阿斯巴甜				
安赛蜜				

6. 根据加标回收率结果评价该样品处理方法是否合适,并判断该饮料中甜味剂是否合格。

六、注意事项

1. 离心后,上清液移取过程中一定要注意不要碰到下层沉淀,上清液要用水性滤膜过滤,将过滤液承接到 1 mL 离心管中,贴好标签备用。

2. 原则上,加标回收率实验中加标后的样品溶液的浓度要在线性范围之内,可根据测定值适当增减。

七、思考与讨论

1. AD 钙奶的样品前处理过程中加入乙酸锌溶液和亚铁氰化钾溶液的作用是什么?

2. 查阅健怡可口可乐饮料的配料表,如果要测定健怡可口可乐饮料中的甜味剂,请你设计合适的样品前处理过程。

——————— 参考文献 ———————

[1] 中华人民共和国国家卫生和计划生育委员会.食品安全国家标准 食品添加剂使用标准:GB 2760—2014[S].北京:中国标准出版社,2014.

[2] 鲁琳,杭义萍,高燕红.高效液相色谱法快速检测乳饮料中常用甜味剂[J].食品科学,2009,30(10):166-168.

[3] 中华人民共和国国家卫生和计划生育委员会,国家食品药品监督管理总局.食品安全国家标准 食品中阿斯巴甜和阿力甜的测定:GB 5009.263—2016[S].北京:中国标准出版社,2016.

(三) 干灰化法-原子吸收光谱法测定 AD 钙奶中的钙含量

一、实验目的

1. 了解测定金属元素常用的样品前处理方法及各种方法的优缺点。
2. 掌握干灰化法的原理及方法。
3. 掌握原子吸收分光光度计的原理、使用方法。

二、实验原理

欲测定试样中的无机元素,需首先将样品消解,去除试样中的有机物。分解试样的方法可分为湿法和干法两种。干灰化法是指将样品置于敞口皿或坩埚内,在空气中一定温度范围(500 ℃~550 ℃)内,加热分解,灰化,所得残渣用适当溶剂溶解后进行测定。此法常用于测定有机物或生物试样中的无机元素。

原子吸收光谱法也称原子吸收分光光度法,简称原子吸收法。原子吸收法根据原子化器不同可分为火焰原子吸收光谱法和石墨炉原子吸收光谱法。火焰原子吸收光谱法是将含待测元素的样品溶液通过原子化系统喷成细雾,随载气进入火焰,并在火焰中解离成基态原子。当空心阴极灯辐射出待测元素的特征光通过火焰时,因被火焰中待测元素的基态原子吸收而减弱。在一定实验条件下,特征光强的变化与火焰中待测元素基态原子的浓度有定量关系,故只需测得吸光度,就可以求出样品溶液中待测元素的浓度。

本实验利用干灰化法将 AD 钙奶试样消解处理后,经原子吸收火焰原子化,在422.7 nm 波长处测定吸光度值,测得的吸光度值在一定浓度范围内与试样中钙含量成正比,与标准系列比较可定量。

三、实验仪器与试剂

1. 仪器

原子吸收光谱仪(配火焰原子化器、钙空心阴极灯),分析天平(感量为0.1 mg 和1 mg),马弗炉,恒温干燥箱,移液枪(1 mL),容量瓶(10 mL、25 mL、50 mL、1 000 mL),离心管(10 mL),瓷坩埚,电热套。

注:所有玻璃器皿及聚四氟乙烯消解内罐均需硝酸溶液(1+5)浸泡过夜,用自来水反复冲洗,最后用蒸馏水冲洗干净。

2. 试剂

碳酸钙,纯度>99.99%,或经国家认证并授予标准物质证书的一定浓度的钙标准溶液;硝酸、浓盐酸均为分析纯。

四、实验步骤

(一) 溶液配制

1. 硝酸溶液(5+95):量取 50 mL 浓硝酸,加入 950 mL 水,混匀即得。

2. 标准品溶液的配制:

(1) 钙标准储备液(1 000 mg/L):准确称取 2.496 3 g(精确至 0.000 1 g)碳酸钙,加盐酸溶液(1+1)溶解,移入 1 000 mL 容量瓶中,加水定容。

(2) 钙标准中间液(10 mg/L):准确吸取钙标准储备液(1 000 mg/L)0.50 mL 于 50 mL 容量瓶中,加水至刻度定容。

(3) 钙标准系列溶液:分别吸取钙标准中间液(10 mg/L)0.50 mL、

1.00 mL、2.00 mL、4.00 mL、6.00 mL 于 5 个 10 mL 容量瓶(或 10 mL 离心管)中,加水定容至刻度。此钙标准系列溶液中钙的质量浓度分别为 0.50 mg/L、1.00 mg/L、2.00 mg/L、4.00 mg/L 和 6.00 mg/L。以蒸馏水为空白对照,记录其他标准溶液的吸光度值。

注:可根据仪器的灵敏度及样品中钙的实际含量确定标准溶液系列中元素的具体浓度。

(二)样品前处理

准确移取液体试样 0.50 mL 于瓷坩埚中,小火加热,炭化至无烟,转移至马弗炉中,于 550 ℃灰化 1.5～2 h,待冷却后取出,试样应呈白灰状。对于灰化不彻底的试样,加数滴硝酸,小火加热并蒸干,再转入 550 ℃马弗炉中,继续灰化 1～2 h,至试样呈白灰状,冷却后取出,用 0.5 mL 硝酸溶液(5+95)溶解转移至刻度管中,用水定容至 10 mL,移取其中 1.00 mL 样液于 10 mL 容量瓶(或离心管)中,加水定容至刻度,即得待测液。

(三)原子吸收光谱测定

按照表 1-5 的条件设置参数,进行各溶液吸光度的测定。

表 1-5　火焰原子吸收光谱法参考条件

元素	波长/nm	狭缝/nm	灯电流/mA	燃烧头高度/mm	空气流量/(L·min^{-1})	乙炔流量/(L·min^{-1})
钙	422.7	1.3	5～15	3	9	2

五、数据记录与处理

1. 将标准溶液及试液的原子吸收吸光度记录于表 1-6,根据标准溶液的浓度和吸光度,进行线性拟合,得到标准曲线以及线性回归方程。

表 1-6　标准溶液及样品溶液中钙含量的测定

样品编号	1	2	3	4	5	试样
浓度/(mg·L^{-1})	0.500	1.00	2.00	4.00	6.00	
A						

2. 将样品溶液测定的吸光度值代入线性回归方程,计算样品测试液中钙的含量,并利用式(1-1)计算 AD 钙奶中钙的含量 X,并与标示值(40 mg/100 mL~80 mg/100 mL)进行比较,给出相应的结论。

$$X = \frac{(\rho - \rho_0) \times f \times V}{m} \qquad (1-1)$$

式中:X 为试样中钙的含量,单位为毫克每千克或毫克每升(mg/kg 或 mg/L);ρ 为试样待测液中钙的质量浓度,单位为毫克每升(mg/L);ρ_0 为空白溶液中钙的质量浓度,单位为毫克每升(mg/L);f 为试样消化液的稀释倍数;V 为试样消化液的定容体积,单位为毫升(mL);m 为试样质量或移取体积,单位为克或毫升(g 或 mL)。

3. 精密度评价:收集本班所有的测定结果 X,计算平均值,并计算相对标准偏差和本组所做数据的偏差,对该方法的精密度做出评价。

六、注意事项

1. 使用浓硝酸溶液和炭化时,需要在通风橱内进行。

2. 炭化过程中注意防止烫伤。

3. 在做灰化试验时,一定要先将样品在电炉上充分炭化至无烟后,再放入马弗炉中灰化,防止碳的积累损坏加热元件。

4. 将炭化样品后的坩埚放入马弗炉时,一定要注意自己小组坩埚所放的位置,避免拿错。

5. 马弗炉使用完毕,应切断电源,使其自然降温。不应立即打开炉门,以免炉膛突然受冷碎裂。如急用,可先开一条小缝,让其降温加快,待温度降至200 ℃以下时,方可打开炉门。

6. 从马弗炉取出坩埚时应使用坩埚钳,防止烫伤。

七、思考与讨论

1. 仔细阅读 GB 5009.92—2016《食品安全国家标准　食品中钙的测定》,列出食品中测定钙含量的样品前处理方法,并比较其优缺点。

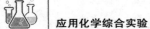

2. 通过整个实验过程,你认为有哪些原因会产生误差?

------ 参考文献 ------

中华人民共和国国家卫生和计划生育委员会,国家食品药品监督管理总局.食品安全国家标准 食品中钙的测定:GB 5009.92—2016[S].北京:中国标准出版社,2016.

实验 2　环境水样中多环芳烃分析

一、实验目的

1. 了解多环芳烃的性质及其常用的预处理和测定方法。
2. 掌握固相萃取法富集水样中多环芳烃的原理及方法。
3. 掌握薄层色谱法对水样中多环芳烃的定性分析方法。
4. 掌握高效液相色谱法和气相色谱法对水样中多环芳烃的定性和定量分析方法。

二、实验原理

由于多环芳烃(polycyclic aromatic hydrocarbons,PAHs)排放量巨大、不易降解、具有"三致"作用(致癌、致畸和致突变)等特点,水体中的 PAHs 已引起世界各国的广泛关注。美国环保署将 16 种母体 PAHs 列入水中 129 种优先控制污染物,中国将 7 种母体 PAHs 列为水中优先控制污染物,并规定饮用水及水源地水中苯并(a)芘浓度不得超过 2.8 ng/L。PAHs 种类繁多,其物理、化学和光学性质均存在较大差异,如何同时准确地测定水中众多 PAHs,仍然是环境监测的一个难点问题。

水中多环芳烃类有机物的预处理技术比较成熟,常用的方法有液-液萃取富集法、固相萃取法和固相微萃取法等。液-液萃取法操作烦琐、劳动强度大、易造成乳化,不易实现大量样品检测。固相萃取(solid-phase extraction,SPE)是一种基于色谱分离的前处理技术,用以取代传统的液-液萃取。它是根据试样中不同组分在固相填料上的作用力强弱不同,使被测组分与其他组分分离,即将试样通过装有填料的短柱进行组分分离或净化,同时可将其中的痕量组分进行浓缩。固相萃取技术萃取效率高,溶剂用量少,重现性好,能实现批量样品处理能力。

PAHs 的分析一般采用气相色谱或液相色谱方法,分析技术已基本形成规范。目前常见的测定方法有气相色谱法、高效液相色谱法和气相色谱-质谱法等。

用气体作为流动相的色谱方法称为气相色谱法(gas chromatography,GC),主要适用于低沸点、易挥发组分的高效分离分析。根据不同物质在互不相溶的两相(固定相和流动相)间分配系数、吸附系数或其他亲和作用的差异,当两相做相对运动时,物质在两相间连续进行多次分配,原来微小的差异即可产生很大的不同,使不同物质随流动相移动的速度产生差别,分别在不同的时间依次到达检测器,达到彼此分离和检测的目的。气相色谱法具有高效、快速、灵敏和应用范围广的特点,是科研、生产和日常检验中的一种常用手段,其不足之处在于不适用于难挥发性物质(沸点高于 450 ℃)和热不稳定性物质的分析。

高效液相色谱法(HPLC)是以液体为流动相,采用粒径很小(一般小于 10 μm)且高效的固定相的柱色谱分离技术。HPLC 对样品的适应性广,不受分析对象挥发性和热稳定性的限制,弥补了气相色谱法的不足。除气体样品外,在目前已知的有机化合物中,适宜用气相色谱法分析的只占约 20%,另 80% 则需用 HPLC 进行分析。HPLC 特别适用于天然产物、生物大分子、高聚物及离子型化合物的分离和分析。

本实验采用装有 C18 填料的固相萃取小柱富集水样中的多环芳烃萘、芴、菲,并利用薄层色谱、气相色谱、液相色谱定性分析,利用气相色谱法和液相色谱法进行定量分析。

三、实验仪器与试剂

1. 仪器

布氏漏斗,密封圈,注射器针头,毛细管,真空泵,1 mL 或 3 mL C18 固相萃取柱,玻璃吸管,一次性注射器(5 mL 或 10 mL),适配器(连接固相萃取柱与注射器),层析瓶,薄层色谱板,高效液相色谱仪(配 C18 柱和 DAD 检测器),UV 灯,气相色谱仪(配 HP-5 色谱柱和 FID 检测器)。

2.试剂

甲醇、乙腈、醋酸等为液相色谱纯,正己烷为分析纯,所用水为超纯水(可用娃哈哈纯净水代替),芴、蒽、萘为分析纯。

标准溶液:浓度为 0.5 mg/mL 的芴、蒽、萘储备液(乙腈为溶剂)。

四、实验步骤

(一)固相萃取法富集未知水样中的多环芳烃

1.萃取柱的活化

用一次性滴管吸取 3 mL 甲醇加入固相萃取小柱的管内,用塑料注射器将 3 mL 甲醇推入固相萃取小柱中的固定相(见图 1-2),浸泡 1 min 后,在液体到达吸附剂床顶部之前停止。移取 3 mL 蒸馏水加入固相萃取小柱的管内,再将其推入固定相,特别注意不要让固定相干燥。

2.上样

使用真空泵以 10～15 mL/min 的速度加载含有多环芳烃的水样 100.00 mL(如果试样中待测物质含量较低,可以加大上样量)。

3.淋洗

整个样品经过萃取柱后,用 3 mL 蒸馏水冲固定相填料,然后全真空抽 5 min,使固定相填料干燥。

图 1-2　固相萃取装置（富集和淋洗）

C18 固相萃取柱

注射器针头

真空

4.洗脱

在固定相填料干燥后,用移液枪吸取 2.00 mL 乙腈(正己烷)加入固相萃取小柱管内,按照图 1-3 所示的装置,用塑料注射器将洗脱液乙腈(正己烷)推入固定相填料液,将多环芳烃洗脱下来,并收集在色谱瓶中,在通风橱中干燥至 0.5 mL 以下,加乙腈定容至 1 mL 用于后面的薄层色谱、气相色谱和液相色谱的分析。

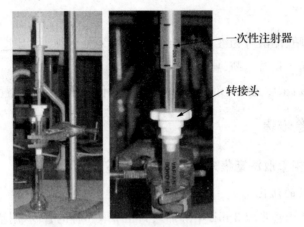

一次性注射器

转接头

图 1-3　固相萃取装置(淋洗和洗脱阶段)

(二) 薄层分析

1. 取一块 5 cm×10 cm 薄层色谱板,用毛细管在距板边缘约 1 cm 处点样。另外,将三个参考溶液分别点样在薄层色板上,间距保持相同。薄层色板中会出现四个斑点。

2. 薄层色板上的吸附剂是硅胶,含有荧光材料,在紫外光下发出黄绿色荧光。多环芳烃都是无色化合物,但它们都能吸收紫外线,所以当在紫外线下观察薄层色谱板时,它们都存在着明显的黑点。在进行色谱分析之前,应先观察紫外线灯下的取样点并记录下观察结果(可用手机拍照)。

3. 在装有正己烷的层析缸中进行薄层色谱分析,确保溶剂表面位于样品点的下方(溶剂深度为 0.5 cm)。

4. 当溶剂前缘沿平板向上移动三分之二时,将平板从溶剂中移出,在标记溶剂前缘后,让其干燥。在紫外灯下观察薄层色板,用铅笔在斑点周围画圈,记录观察结果。

(三) 气相色谱法

1. 色谱条件

Rtx-5 型熔融石英毛细管色谱柱(30 m×0.32 mm,0.25 μm);进样口采用分流模式,分流比为 10:1,进样口温度为 250 ℃;柱流量为 2.37 mL/min;氢火焰离子化检测器(FID)温度为 300 ℃。程序升温:初始柱温 80 ℃,保持 1 min,

以 15 ℃/min 的升温速率升高到 255 ℃,保持 1 min,再以 1 ℃/min 升至 265 ℃,保持 1 min。H_2 流量为40 mL/min;N_2 流量为 30 mL/min;空气流量为 300 mL/min;进样体积为 1 μL。

2. 定性分析

分别进样蒽、萘标准溶液 1 μL 进行气相色谱分析,得到相应的色谱图,分别记录各个多环芳烃的保留时间和峰面积。

3. 未知水样分析

吸取 20 μL SPE 富集后经乙腈洗脱的样品溶液进行气相色谱分析,得到相应的色谱图,分别记录色谱图中各峰的保留时间和峰面积,对照标准品色谱时间和峰面积进行定量分析。

(四) 高效液相色谱法

1. 色谱条件

C18 色谱柱(4.6 mm ×250 mm,5 μm),流速为 1.0 mL/min;流动相组成为 100%甲醇;进样体积为 20 μL。

2. 定性分析

分别进样蒽、萘标准溶液 20 μL 进行液相色谱分析,得到相应的色谱图,分别记录各个多环芳烃的保留时间和峰面积。

3. 未知水样分析

吸取 20 μL SPE 富集后经乙腈洗脱的样品溶液进行液相色谱分析,得到相应的色谱图,分别记录色谱图中各峰的保留时间和峰面积,对照标准品色谱时间和峰面积进行定量分析。

五、数据记录与处理

1. 薄层色谱分析

记录观察后的现象及各标准物质和样品中斑点距离原点的距离,判断水样中所含的组分种类。

2. 气相色谱分析

给出蒽、萘溶液和SPE萃取后洗脱液的气相色谱图,并根据色谱工作站中的数据完成表1-7和表1-8。

表1-7 蒽、萘标准溶液的气相色谱图中的色谱峰信息

物质	保留时间/min	峰面积
蒽		
萘		

表1-8 样品溶液的气相色谱图中的色谱峰信息

峰	保留时间/min	峰面积
1		
2		
3		

根据表1-7和表1-8确定未知水样中所含有的多环芳烃种类,并用直接比较法确定原始水样中所含各多环芳烃的含量(以 ng/L 表示)。

3. 液相色谱分析

给出蒽、萘溶液和 SPE 萃取后洗脱液的液相色谱图,并根据色谱工作站中的数据完成表1-9和表1-10。

表1-9 蒽、萘标准溶液的液相色谱图中的色谱峰信息

物质	保留时间/min	峰面积
蒽		
萘		

表1-10 样品溶液的液相色谱图中的色谱峰信息

峰	保留时间/min	峰面积
1		
2		
3		

根据表1-9和表1-10确定未知水样中所含有的多环芳烃种类,并用直接比较法确定原始水样中所含各多环芳烃的含量(以 ng/L 表示)。

六、注意事项

1. 固相萃取：

（1）活化时不要让 SPE 小柱中的填料干掉。

（2）活化和洗脱步骤不可用真空，而要用注射器将液体推入固定相填料。

（3）洗脱液——1 mL 乙腈（正己烷）需要准确量取。

2. 液相色谱实验应确保所使用溶剂为液相色谱纯。

七、思考与讨论

比较气相色谱与液相色谱定量分析结果，判断分析结果有没有显著差异。

参考文献

[1] 王梓,杨兆光,李海普.超声辅助提取-固相萃取-气相色谱-质谱法测定污泥中 12 种多环芳烃[J].理化检验（化学分册），2020,56(2)：172 – 178.

[2] 王建宇,李丽,王蕴平,等.在线固相萃取-超高效液相色谱法检测水中 15 种多环芳烃类污染物[J].环境化学,2018,37(12)：2832 – 2836.

实验 3　玉米中天然色素——玉米黄质的提取、分离和分析

一、实验目的

1. 学习并掌握超声提取法提取玉米中玉米黄质的操作方法。
2. 学习并掌握薄层色谱法分离玉米中玉米黄质的原理和方法。
3. 掌握高效液相色谱法测定玉米黄质的技术。

二、实验原理

玉米黄质(zeaxanthin)又称玉米黄素,因最先在玉米中被发现而得名,是黄玉米的主要呈色色素,属于含氧类胡萝卜素中的二羟基类胡萝卜素,与叶黄素互为同分异构体,是一种橘红色的结晶粉末,易溶于乙醇、丙酮和脂类等有机溶剂,属于脂溶性化合物,不易溶于水,对光和热极敏感,且对铁离子和铝离子的稳定性差。图 1-4 为玉米黄质的结构式,共有 11 个共轭双键,两端各连接一个带羟基的紫罗酮环,化学式为 $C_{40}H_{56}O_2$,分子量为 568.88。玉米黄质作为一种天然、绿色的色素,常被应用于各种食物,其含有的多个共轭双键使其具有较强的抗氧化特性,可以用来预防或治疗因氧化应激或氧化损伤而诱导的眼部及其他疾病。此外,玉米黄质在预防膀胱癌、食道癌、前列腺癌以及治疗乳腺癌、结肠癌等癌症中具有良好的效果。

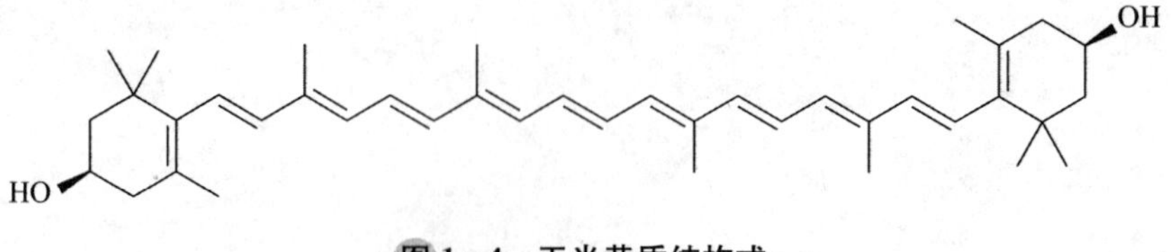

图 1-4　玉米黄质结构式

由于玉米黄质不可由人体自身合成,故只能通过饮食摄入,而在日常饮食中玉米、蛋黄和胡椒是玉米黄质最主要的来源。此外,玉米黄质也可以通过菌体合成。目前,玉米黄质的商业化生产主要是化学合成或从玉米、万寿菊、紫花苜蓿等中药植物组织中提取。

1. 天然色素的提取方法

玉米中天然色素的提取方法主要有有机溶剂提取法、超临界 CO_2 萃取法、酶解法和超声提取法。

(1) 溶剂提取法

玉米黄质作为脂溶性色素,易溶于乙醇和石油醚等有机溶剂。采用单一的有机溶剂对万寿菊等植物内的玉米黄质进行提取是传统方法,也是工业中最常用的方法。其中,乙醇因价格低廉且无毒害作用成为最广泛应用的提取剂,但使用乙醇提取时蛋白质会溶于其中,故提取前应先将原料中的蛋白质除去。研究发现,选择两种或多种溶剂进行混合提取,可以有效提高玉米黄质的提取效率,如将提取溶剂丙酮和石油醚以 1∶1(体积比)进行混合作为提取溶剂可使其得率有所提高。虽然溶剂提取法较为方便,并且操作简单,但其提取效率较低,还可能出现溶剂残留等问题。

(2) 超临界 CO_2 流体萃取法

超临界 CO_2 流体萃取法具有高效、环保、节能、易控等特点,是一项高效且成熟的技术,可保护热敏物质和活性物质不受损害。采用超临界 CO_2 流体萃取法对同为色素的辣椒红色素进行提取,可以提高提取率,并且得到的产品色价也较高。超临界 CO_2 流体萃取法操作温度低,无溶剂残留,提取率高。该技术受到广泛关注,但产品的生产成本由于设备投资和维护成本高昂也随之增加,因此其普及性受到限制。

(3) 酶解法

酶解法具有微量、高效的特点,可增加活性物质的提取率。利用酶解法进行玉米黄质提取时,因其对温度较为敏感且不耐酸碱,故酶解通常于室温且中性的条件下进行。通常玉米黄质会以与蛋白质类物质聚合或被纤维素等物质包裹的形式存在于植物体中,并非以单体形式存在,因此适当地将提取原料中的蛋白质或纤维素等物质水解可有效提高玉米黄质的提取率。因酶解法效率高且无残留,故可单独作为一种提取方法,也可作为一种辅助方法与其他提取方式结合,进一步提高活性物质的提取率。

(4)超声提取法

超声提取法在低温条件下仍具有较高萃取率,原因在于超声波的频率较高,可以将原料的细胞壁破坏,使活性物质更好地从原料中析出并溶解于提取液中;在提取过程中会产生一种"空化泡",其压力可达到 1 MPa 以上,在炸裂瞬间产生的能量可以使提取物质有效析出,从而加速活性物质的提取;原料在超声波的作用下还可受到来自提取液各方向的作用力,使其触碰率有所提高。

2. 玉米黄质的分离及分析

薄层层析,又称薄层色谱,是平面色谱的一种,其原理是试样中的各组分在固定相与流动相之间借助毛细作用发生多次吸附-溶解作用,从而使不同物质上升距离不同而分离开来。该法简单、快速、操作方便,是快速分离和定性分析少量物质的一种重要实验技术,属固-液吸附色谱,兼备了柱色谱和纸色谱的优点,可用于少量样品的分离及精制,适用于挥发性较小或较高温度易发生变化的物质。玉米粉中天然色素薄层层析分离可以根据不同的组分选择合适的吸附剂来进行,通过毛细管点样玉米黄质提取液操作进行分离,选择合适展开剂放入层析缸中,展开完得到纯组分,然后利用高效液相色谱对纯组分进行分析。

三、实验仪器与试剂

1. 仪器

电子分析天平,数控超声波清洗器,数显恒温水浴锅,圆盖高型染色缸,硅胶板 GF254(25 mm×75 mm),容量瓶(50 mL),高速离心机,玻璃点样毛细管,有机系滤膜,紫外分光光度计,高效液相色谱仪。

2. 试剂

玉米黄质(HPLC≥85%),甲醇(色谱纯),乙腈(色谱纯),石油醚,乙酸乙酯,三乙胺,玉米粉(市售)。

四、实验步骤

1. 玉米黄质储备液的配制

准确称取标准品玉米黄质 0.005 0 g(精确到 0.000 1 g),加入甲醇溶液,超声溶解后,转移至 50 mL 容量瓶用甲醇定容,玉米黄质标准储备溶液的浓度为 100 μg/mL。

2. 玉米黄质的超声波法提取

准确称取玉米粉 4.0 g 放入离心管中,加入 8.00 mL 甲醇,放入超声波清洗器中超声 30 min,设置超声功率为 150 W,工作频率为 40 kHz。超声完成后,置于高速离心机中离心 5 min,转速为 10 000 r/min,取上清液,备用。

3. 薄层层析分离

移取上述提取的上清液 200 μL,用甲醇定容到 2 mL;另取标准储备溶液 (100 μg/mL,$c_{标}$) 和 3 块硅胶板。展开剂选择石油醚/乙酸乙酯/三乙胺 (体积比为 6∶3∶1),加入展开剂的高度为 0.5 cm。分别用毛细管在硅胶板上进行点样,点样距离为距硅胶板一端 1 cm 处;每张硅胶板点 2 个点,分别为 1 个标样点和 1 个样品点。待展开剂上升至距离顶端 0.5 cm 时,取出点样板。分别将标样斑点、样品上和标样相同高度的斑点用小刀刮入离心管中,分别向装入斑点的离心管中加入 1.5 mL 甲醇,超声溶解 5 min,转速为 10 000 r/min 离心 5 min,取上清液。上清液用 0.45 μm 有机系滤膜过滤装入液相样品瓶中,分别为标样 1、标样 2、标样 3、样品 1、样品 2、样品 3,待测试。

4. 高效液相色谱(HPLC)检测

(1) 玉米黄质保留时间的确定

使用浓度为 10.0 μg/mL 的玉米黄质标准溶液,按照表 1-11 中液相色谱条件,测定其保留时间。

表1-11　色谱和条件参数

色谱条件	色谱参数
色谱柱	Hedera ODS-2 C18 色谱柱(4.6 mm×150 mm,5 μm)
流动相	乙腈∶甲醇(体积比为 70∶30)

续　表

色谱条件	色谱参数
进样量	20 μL
流速	1.0 mL/min
检测波长	448 nm

（2）空白实验

在上述色谱条件下,用溶解玉米黄质的溶剂甲醇作为空白试验。

（3）样品的测定

利用 HPLC 测出薄层分离后的 6 个样品的峰面积和保留时间。

五、数据记录与处理

1. 玉米黄质标样的保留时间为_____min。

2. 根据测定样品的色谱图,填写表 1－12。

表 1－12　各样品的保留时间及峰面积

	保留时间/min	峰面积（保留至整数即可）
标样 1		$A_{标1}=$
标样 2		$A_{标2}=$
标样 3		$A_{标3}=$
标样平均		$A_{标}=$
样品 1		$A_{样1}=$
样品 2		$A_{样2}=$
样品 3		$A_{样3}=$
样品平均		$A_{样}=$

3. 玉米粉中玉米黄质含量的计算：

$$m_{玉米黄质}=\frac{c_{样}\cdot n\cdot V}{m_s} \tag{1-2}$$

$$c_{样}=\frac{c_{标}\cdot A_{样}}{A_{标}} \tag{1-3}$$

式中:$m_{玉米黄质}$为玉米黄质的质量,单位为 $\mu g/g$;$c_样$ 的单位为 $\mu g/mL$;V 为固体样品中加入甲醇的体积,单位为 mL;m_s 为玉米粉的质量,单位为 g;n 为稀释倍数。

六、思考与讨论

1. 根据玉米黄质的性质,除了甲醇还可以用什么溶剂提取?

2. 薄层层析法如何进行定性与定量分析?

3. 为使玉米黄质的保留时间变短,应如何调整色谱条件?

··· 参考文献 ···

[1] 李晓玲,孙永华,王文亮,等.玉米黄色素提取纯化及分析检测研究进展[J].中国食物与营养,2013,19(3):59 - 62.

[2] 孙丽丽,张智杰,郑永杰.玉米黄色素的提取和分析[J].齐齐哈尔大学学报,2009,25(1):74 - 78.

[3] 冯继华.玉米黄色素粗品分析及其精制方法[J].西南民族大学学报(自然科学版),1991(4):55 - 59.

实验4　阿司匹林–环糊精包合物的制备、测定及光谱鉴定分析

一、实验目的

1. 学习环糊精包合物制备的常用方法。
2. 掌握包合物制备工艺的评价指标及包合物的定量测定。
3. 了解包合物鉴定的方法。

二、实验原理

阿司匹林(acetylsalicylic acid, ASP)由水杨酸和醋酐合成,又称乙酰水杨酸,为解热镇痛药物,属于非甾体类抗炎药物。目前广泛应用于解热镇痛和抗炎抗风湿,可以治疗伤风感冒、发烧偏头痛、神经痛、关节痛、急性和慢性风湿痛及类风湿痛等。近年来,随着药理学研究不断深入,阿司匹林又有了新的临床用途,如治疗血栓栓塞性疾病、治疗糖尿病(阿司匹林可以促进胰岛素的分泌,从而使肠道减少对糖分的吸收),另外临床病例证实阿司匹林在量小的情况下可以抗血小板聚集。然而,阿司匹林水溶性差,易水解,从而限制了其制剂的应用。

包合物是一种分子的内部结构全部或部分包入另一种分子而形成的,其外层分子与内层小分子物质之间不发生化学反应,本质上是一种物理变化。包合物能否形成主要取决于外层分子与内层小分子物质的立体结构和两者的极性。包合物的稳定性依赖于两种分子间范德华力的强弱,只有当两种分子大小适合,两种分子间隙小,产生足够强度的范德华力时,才可以形成稳定的包合物。

环糊精(cyclodextrin, CD)是从淀粉中得到的六个以上 D-葡萄糖单元以1,4-糖苷键连接的环状低聚糖化合物。当葡萄糖单体数为 7 个时,称为 β-环糊精(β-CD)。β-CD 分子亲水性基团排列在分子外侧,疏水性基团排列在分子空

腔内侧,整个分子为锥柱状(图1-5),空腔内电子密度高,极性小,易形成疏水性空腔,可以包合大部分药物分子,形成的包合物稳定且服用无副作用,因此环糊精在药物中应用广泛。环糊精还具有防止药物挥发,增加溶解度,提高生物利用度,提高药效,降低药物刺激性、毒性,掩盖不良气味的作用。为提高阿司匹林的溶解性和稳定性,采用环糊精的"包埋"作用,来达到其目的。

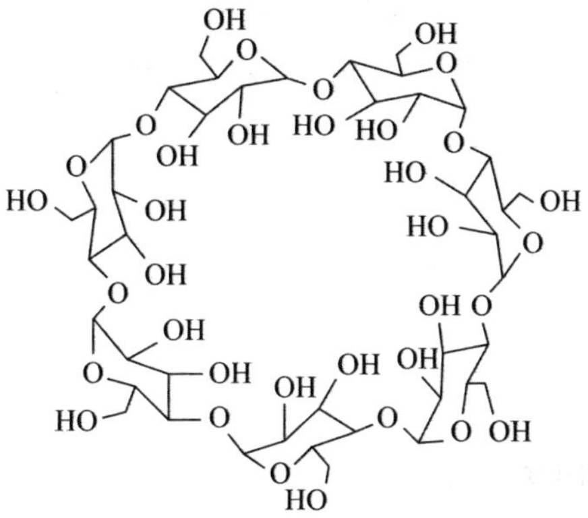

图1-5 β-环糊精的立体结构

β-环糊精包合物的制备方法包括饱和溶液法、悬浮溶液法、共蒸发法、冷冻干燥法、共研磨法、超声法等。本实验将分别采用共研磨法、超声法和饱和溶液法等不同方法将阿司匹林制成阿司匹林-β-环糊精包合物,并对不同制备方法得到的包合物进行测定,以包合率、包合物收率为综合指标对不同包合工艺进行评价,并对其包合物进行光谱鉴定分析。

$$w_{包} = \frac{m_1}{m_{阿}} \times 100\% \tag{1-4}$$

$$w_{收} = \frac{m_{包}}{m_{环} + m_{阿}} \times 100\% \tag{1-5}$$

$$A = 0.8 \times w_{包} + 0.2 \times w_{收} \tag{1-6}$$

式中:$w_{包}$ 为阿司匹林包合率;$w_{包}$ 为包合物收率;m_1 为包合物中阿司匹林的质量;$m_{阿}$ 为加入阿司匹林的质量;$m_{环}$ 为加入 β-环糊精的质量;A 为综合评价值。

通常阿司匹林包合率越高,则表示阿司匹林和环糊精的包合结果越好,所以包合率权重系数为0.8,作为评价的主要指标。而包合物的收率在实际生产中有重要意义,通常包合物的收率越高,所得产品多,所以收率的权重系数为0.2,作为评价的次要指标。

三、实验仪器与试剂

1. 仪器

循环水式真空抽滤机,超声波清洗器,精密分析天平,电热恒温水浴锅,电热恒温干燥箱,紫外分光光度计,红外光谱仪,磁力搅拌器,离心机,研钵,冰箱,布氏漏斗,烧杯,表面皿,容量瓶(25 mL、100 mL)。

2. 试剂

阿司匹林标准溶液(0.5 mg/mL),β-环糊精,无水乙醇。

四、实验步骤

(一) 包合物的制备

1. 研磨法

在 3 g β-CD 中加入 50 mL 蒸馏水研磨成糊状,然后加入用 2 mL 无水乙醇溶解的 0.5 g 阿司匹林乙醇溶液,在研钵中研磨 1 h,放入冰箱,在 4 ℃下冷藏 24 h。取出后抽滤,用少量无水乙醇洗涤 3 次,滤饼在 50 ℃干燥 24 h,即得疏松状包合物粉末,称取包合物的总质量。

2. 超声法

精密称取 0.5 g 阿司匹林与 3 g β-CD,先将 β-CD 加入 75 mL 蒸馏水超声处理使其溶解,缓慢滴加用 2 mL 无水乙醇溶解的阿司匹林乙醇溶液到β-CD 溶液中。将混合溶液在 50 ℃下超声 1 h,放入冰箱,在 4 ℃下冷藏 24 h。取出后抽滤,用少量无水乙醇洗涤 3 次。滤饼放入表面皿中,在 50 ℃干燥24 h,得到疏松状白色包合物,称取包合物的总质量。

3. 饱和水溶液法

取 3 g β-CD 置于烧杯中,将烧杯放入恒温 50 ℃水浴,向烧杯中加入 75 mL蒸馏水,用磁力搅拌器搅拌至溶解。称取 0.5 g 阿司匹林,加入 2 mL 无水乙醇溶解后,缓慢滴入环糊精饱和溶液,搅拌 1 h,4 ℃下冷藏 24 h。取出后抽滤,并用少量无水乙醇洗涤滤饼,所得滤饼放入表面皿中,在 50 ℃下干燥 24 h,得到疏松状白色包合物,称取包合物的总质量。

(二) 包合物的测定

1. 阿司匹林标准曲线的绘制

精密称取 50 mg 阿司匹林于烧杯中,用 20 mL 无水乙醇溶解,转移到 100 mL 容量瓶中,蒸馏水定容至刻度,得 0.5 mg/mL 阿司匹林标准溶液。分别移取标准溶液 2.0 mL、4.0 mL、6.0 mL、8.0 mL、10.0 mL 于 5 个 25 mL 容量瓶中,蒸馏水定容至刻度,在最大吸收波长处测定阿司匹林的吸光度,以阿司匹林标准品浓度(c)为横坐标、吸光度(A)为纵坐标,绘制标准曲线,得线性回归方程。

2. 包合物中阿司匹林的测定

精密称取包合物 25 mg 置于烧杯中,用 2 mL 无水乙醇溶解,转移至 25 mL 容量瓶中,用无水乙醇定容至刻度,摇匀。放入超声中振荡 30 min 进行脱包合,再放入离心机离心 5 min。取上层清液 2 mL 置于25 mL 容量瓶中,蒸馏水定容至刻度,按照标准曲线绘制的方法进行操作,测定阿司匹林的吸光度。根据标准曲线计算阿司匹林的浓度,计算包合物中阿司匹林的质量。

3. 包合物的紫外吸收光谱测定

(1) 阿司匹林的紫外吸收光谱

测定阿司匹林标准溶液的紫外吸收光谱,确定最大吸收波长。

(2) β-CD 溶液的紫外吸收光谱

称取 50 mg β-CD 于烧杯中,用少量无水乙醇溶解,转移到 25 mL 容量瓶中,蒸馏水定容至刻度,扫描紫外吸收光谱。

(3) 包合物的紫外吸收光谱

精密称取包合物 25 mg 于烧杯中,用少量无水乙醇溶解并转移至 25 mL 容量瓶中,用无水乙醇定容至刻度,摇匀。取上层清液 2 mL 置于 25 mL 容量瓶中,蒸馏水定容至刻度,扫描紫外吸收光谱。

4. 包合物的红外光谱测定

分别取阿司匹林-环糊精包合物和阿司匹林标准品做红外光谱分析,并进行谱图的比较。

五、数据记录与处理

1. 阿司匹林标准曲线的绘制

表1-13

	1	2	3	4	5
阿司匹林浓度/(mg·mL^{-1})					
吸光度 A					
线性回归方程					
相关系数 R^2					

2. 包合物的测定结果

表1-14

	研磨法	超声法	饱和水溶液法
包合物的质量/g			
包合物中阿司匹林质量/g			
阿司匹林包合率/%			
包合物收率/%			
综合评价/%			

3. 包合物的紫外吸收光谱

将阿司匹林、β-CD、包合物的紫外吸收光谱绘制在同一张谱图中。

4. 包合物的红外吸收光谱

将阿司匹林和包合物的红外吸收光谱放在同一张谱图中。

六、思考与讨论

1. 比较三种不同包合物制备方法的优缺点,并根据包合物的包合率和包合物收率的计算结果,比较三种包合方法的综合评价指标。

2. 对阿司匹林、β-CD、包合物的紫外吸收光谱进行分析比较。

3. 分析阿司匹林和包合物的红外吸收光谱,标出各自官能团的峰位置,并对两种物质的红外光谱进行分析比较。

参考文献

[1] 颜光美.药理学[M].北京:高等教育出版社,2004.

[2] 童林荟.环糊精化学:基础与应用[M].北京:科学出版社,2001.

实验 5　对乙酰氨基酚在单壁碳纳米管修饰电极上的电化学行为及测定

一、实验目的

1. 了解单壁碳纳米管的预处理方法。
2. 掌握红外光谱法测定纳米材料表面官能团的方法。
3. 掌握对乙酰氨基酚在单壁碳纳米管修饰电极上的电化学行为的研究方法。
4. 掌握单壁碳纳米管修饰电极测定对乙酰氨基酚的方法。

二、实验原理

1991 年,日本科学家 Iijima 利用真空电弧蒸发石墨电极,通过高分辨电镜对其产物进行研究,发现了具有纳米尺寸的碳的多层管状物,即多壁碳纳米管(multi-walled carbon nanotubes,MWNTs)。该发现立即得到物理界、化学界、材料科学界以及高新技术产业部门的广泛关注,在科学界掀起了继 C_{60} 之后的又一次研究高潮。碳纳米管以其独特的物理化学性能,如独特的金属或半导体导电性、极高的机械强度、良好的吸附能力和较强的微波吸收能力,以及作为新型的准一维功能材料而日益受到人们的重视。

碳纳米管是继石墨、金刚石、富勒烯之后的又一种碳的同素异形体,是由单层或多层石墨片围绕中心轴按一定的螺旋角卷绕而成的无缝、中空的微管,每层圆柱面由一个碳原子通过 sp^2 杂化与周围 3 个碳原子完全键合后所构成的六边形组成。根据卷曲石墨片的层数可以分为单壁碳纳米管(single-walled carbon nanotubes,SWNTs)和多壁碳纳米管(MWNTs)(图 1-6)。SWNTs由单层石墨片同轴卷绕构成,其侧面由碳原子六边形排列组成,两端由碳原子的五边形结构封顶,管径一般为 10～20 nm,长度一般可达数十微米。

SWNTs 存在三种类型的可能结构,分别为扶手椅形碳纳米管、锯齿形碳纳米管和手性碳纳米管(图 1-7)。MWNTs 一般由几层到几十层石墨片同轴卷绕构成,层间间距为 0.34 nm 左右,其典型的直径和长度分别为 2～30 nm 和 0.1～50 μm。与 MWNTs 相比,SWNTs 具有直径分布范围小,缺陷少,均匀一致性更高等特点。

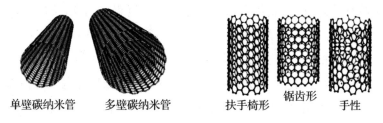

单壁碳纳米管　　多壁碳纳米管　　　扶手椅形　　锯齿形　　手性

图 1-6　碳纳米管的示意图　　**图 1-7　SWNTs 存在三种类型的可能结构**

碳纳米管独特的原子结构使其表现出金属或半导体特性,利用这种独特的电子特性,可以将碳纳米管制成电极。碳纳米管的表面效应,即直径小、表面能高、原子配位不足,使其表面原子活性高,易与周围的其他物质发生电子传递作用,在电催化和电分析化学领域中具有广阔的应用前景。一般认为,在碳纳米管表面引入一些电活性基团(图 1-8),经过表面官能团化后才能有较好的电化学响应。官能团化的方法一般分为两类:(1) 在制成电极之前对碳纳米管进行官能团化,包括在气相中用空气或等离子体氧化、用酸(主要为硝酸、硫酸或其混合酸)氧化;(2) 制成电极后,用电化学方法进行官能团化,即将碳纳米管电极在一定溶液中(如磷酸盐缓冲溶液)于一定电位范围内循环扫描。经过官能团化后,根据所用的介质不同,可以在碳纳米管表面引入含氧,

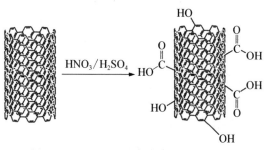

图 1-8　碳纳米管的表面官能团化

甚至含硫的基团，一般包括羟基、羧基、羰基、酚类和醌类化合物等，这些电活性基团可以催化或促进其他物质的电子传递反应。

循环伏安法是将单扫描极谱法的线性扫描电位扫至某设定值后，再反向扫回原来的起始电位，以得到的电流-电压曲线为基础的一种分析方法。前半部（电压上升部分）扫描为物质还原态在电极表面被氧化的阳极过程，后半部（电压下降部分）扫描为氧化产物被还原的阴极过程。因此，一次三角波扫描完成一个氧化和还原过程的循环，故称为循环伏安法。循环伏安法在研究电极反应的性质、机理、电极过程动力学参数等方面有广泛的应用。如果峰电流与扫描速度成线性，表示电极反应为吸附控制过程；如果峰电流与扫描速度的平方根成线性，表示电极反应为扩散控制过程。由于峰电流与浓度在一定范围内成线性，循环伏安法也可用于定量分析。

对乙酰氨基酚（acetaminophen，ACAP）的分子式为 $C_8H_9NO_2$，又称为扑热息痛，是一种酰胺类药物，具有解热镇痛的作用，是常见的抗炎、退烧药物，在临床上被广泛应用于缓解术后疼痛、关节炎疼痛、偏头痛等，但过量使用会导致严重的并发症，如肝脏、肾脏、血液系统、神经系统的毒副作用。ACAP 还是有机合成的中间体、照相化学药品、过氧化氢的稳定剂。目前，研究者开发了多种检测 ACAP 的方法，包括气相色谱法、高效液相色谱法、化学发光法、分光光度法以及电化学方法等。这些方法对 ACAP 的检测均具有良好的选择性和灵敏度，但是气相色谱法、高效液相色谱法和分光光度法都需要对样品进行预处理，导致程序烦琐且耗时长。而电化学方法具有高灵敏度、良好的选择性、快速响应、操作简单以及仪器廉价的优点，且 ACAP 作为一种电化学活性物质，可通过电化学氧化还原进行快速定量检测（图 1-9）。

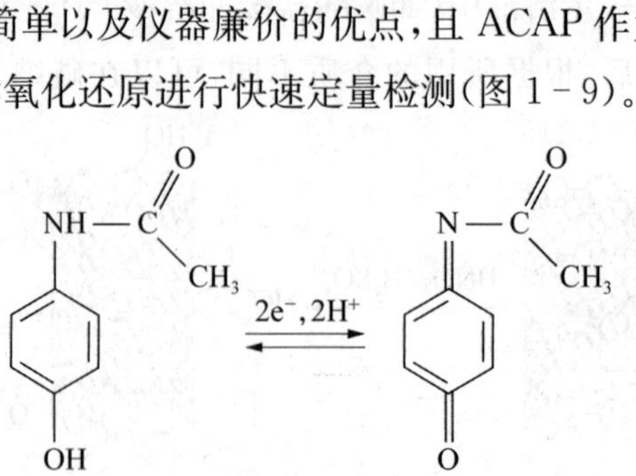

图 1-9　ACAP 在修饰电极表面的电极反应方程式

三、实验仪器与试剂

1. 仪器

CHI660D 电化学工作站,红外光谱仪,玻碳电极($d=3$ mm),饱和甘汞电极,铂电极,电子分析天平,离心机,三角烧瓶,超声波清洗器,真空干燥箱,研钵,容量瓶(25 mL、100 mL)。

2. 试剂

对乙酰氨基酚(AR),单壁碳纳米管,浓硝酸,浓硫酸,磷酸氢二钠(AR),磷酸二氢钾(AR),溴化钾(AR),扑热息痛药片。

四、实验步骤

1. 碳纳米管的预处理

本实验中碳纳米管采用硫酸-硝酸超声氧化处理方法(纯化和表面官能团化)。具体处理过程:称取 0.5 g 单壁碳纳米管加入 250 mL 三角烧瓶,加入 100 mL 的硝酸-硫酸(体积比为 1:3),搅拌和超声交替进行 20 min 后,将三角烧瓶放入超声波中,60 ℃下超声 2 h。最后溶液经离心分离,用大量蒸馏水离心洗涤至滤液的 pH 不再变化为止。处理过的碳纳米管放置在 100 ℃真空干燥箱内干燥 10 h,备用。

2. 碳纳米管的红外光谱分析

分别取适量未处理及处理后的碳纳米管与溴化钾压片后,进行红外光谱测定。

3. 修饰电极的制备

将处理好的碳纳米管制备成 1 mg/mL 的分散液,用移液枪移取 10 μL 碳纳米管分散液,滴涂至玻碳电极表面,晾干待用。

4. 对乙酰氨基酚的电化学行为研究

以已修饰有碳纳米管的玻碳电极为工作电极,饱和甘汞电极为参比电极,铂电极为对电极,用循环伏安法考察 0.1 mmol/L 对乙酰氨基酚在磷酸盐缓冲溶液(pH=7.0,由 0.1 mol/L 磷酸氢二钠溶液和 0.1 mol/L 磷酸二氢钾溶液等体积混合得到)中的电化学行为,分别记录扫描范围为 -0.2~1.0 V、扫描速度为 10 mV/s、20 mV/s、50 mV/s、100 mV/s、200 mV/s、300 mV/s、400 mV/s、500 mV/s 的循环伏安图,自行绘制表格,记录相应数据。

5. 扑热息痛药片中对乙酰氨基酚的测定

(1) 标准曲线的绘制

将对乙酰氨基酚用二次蒸馏水配成 1.00 mmol/L 的储备液,分别准确移取 0.50 mL、1.00 mL、2.00 mL、3.00 mL、4.00 mL、5.00 mL、10.00 mL 的 1.0 mmol/L 对乙酰氨基酚储备液,然后用 0.10 mol/L 磷酸盐缓冲液于 25 mL 容量瓶中定容,配制浓度分别为 0.02 mmol/L、0.04 mmol/L、0.08 mmol/L、0.12 mmol/L、0.16 mmol/L、0.2 mmol/L、0.4 mmol/L 的标准溶液;将不同浓度的标准溶液按浓度由低到高的顺序分别置于电解池内,记录扫描范围为 −0.2∼1.0 V,扫描速度为 100 mV/s 的循环伏安图,并读出每个循环伏安图上对乙酰氨基酚的氧化峰电流 (I_{pa}),绘制相应表格,记录数据。

(2) 样品测定

取 10 片扑热息痛药片用研钵研碎,准确称取适量(0.2 g 左右)扑热息痛粉末,用水溶解,定容到 100 mL 容量瓶中;另取一个 100 mL 容量瓶,再准确移取上清液 1.00 mL,用磷酸盐缓冲溶液定容至 100 mL,即为样品溶液。将样品溶液置于电解池中,记录扫描范围为 −0.2∼1.0 V,扫描速度为 100 mV/s 的循环伏安图,并读出循环伏安图上对乙酰氨基酚的氧化峰电流 (I_{pa}),记录峰电流值。

五、数据记录与处理

1. 分别绘制未处理和已处理后的单壁碳纳米管的红外光谱图。

2. 以实验步骤 4 中的 I_{pa} 对扫描速度 (v) 或其平方根 ($v^{1/2}$) 作图。

3. 以实验步骤 5 中的 I_{pa} 对对乙酰氨基酚的浓度作图,得到标准曲线,得出线性回归方程。将样品溶液的峰电流带入线性回归方程,求得样品溶液中对乙酰氨基酚的浓度,并计算每片扑热息痛片中对乙酰氨基酚的量,并与标示量进行比较。

六、思考与讨论

1. 查阅资料标出红外光谱图中各个峰所对应的官能团。

2. 根据峰电流与扫描速度的关系图,判断对乙酰氨基酚在修饰电极表面的电化学行为是吸附控制还是扩散控制。

参考文献

[1] 蔡称心,陈静,包建春,等.碳纳米管在分析化学中的应用[J].分析化学,2004,32(3):381 - 387.

[2] 秦建芳,孙鸿,姜秀平,等.基于多壁碳纳米管/聚苯胺/离子液体复合物的对乙酰氨基酚电化学传感器[J].分析科学学报,2021,37(5):670 - 674.

实验6 食品中亚硝酸盐含量的检测

一、实验目的

1. 了解亚硝酸盐的性质和对人体的危害。
2. 学习并掌握盐酸萘乙二胺分光光度法测定食品中亚硝酸盐的原理和方法。
3. 学习并掌握微分脉冲伏安法测定食品中亚硝酸盐的原理和方法。

二、实验原理

亚硝酸盐在食品、饮用水和环境中普遍存在,主要来源于畜禽粪便、有机废物、化学肥料、天然沉积等含氮有机物和硝酸盐生物转化的亚硝酸盐,是一种无机污染物。亚硝酸盐作为广泛存在于自然环境中的一种化学物质,常作为食品工业中的添加剂,如着色剂、防腐剂等,因此在一些腌制品,如酱菜、火腿肠、培根等食品中广泛存在。亚硝酸盐含量在食用安全范围内时,对人体造成的伤害较轻,但过量的亚硝酸盐会进入人体血液,将含铁(Ⅱ)的正常血红蛋白氧化为含铁(Ⅲ)的高铁血红蛋白,使得正常血红蛋白失去携氧能力,导致组织出现缺氧现象,严重者可导致贫血。除此之外,在生物体内,亚硝酸盐还能与仲胺、叔胺和酰胺等反应,生成强致癌物亚硝胺。

考虑到亚硝酸盐在腌制品中的许多好处和功能,现在世界各国仍允许其作为食品添加剂加入食品中,但添加剂量受到严格限制。欧盟食品科学委员会规定人体对亚硝酸盐的每日摄取允许量为 0.06 mg/kg,我国国家标准 GB 2760—2014 规定亚硝酸盐作为护色剂和防腐剂,在腌腊肉、酱卤肉等食品中最大使用量为 0.15 g/kg。世界健康组织已经发布:当亚硝酸盐在人体内的含量超过 4.5 mg/mL 时,就会对人的脾脏、肾脏和神经系统造成损害。

因此,在食品安全监控、食品分析和环境监测等领域,都需要对亚硝酸盐含量进行检测。国家标准 GB 5009.33—2016 采用离子色谱法和分光光度法检测食品中的亚硝酸盐,GB 8538—2022 采用重氮偶合光谱法检测饮用天然矿泉水中的亚硝酸盐。目前报道的亚硝酸盐检测方法有很多,如分光光度法、化学发光法、色谱法、荧光法、表面增强拉曼光谱法等。本实验利用盐酸萘乙二胺分光光度法和微分脉冲伏安法对亚硝酸盐进行检测。

(1) 盐酸萘乙二胺分光光度法

分光光度法是基于测量物质对 $200 \sim 800$ nm 波长范围内紫外-可见光吸收程度的一种分析方法。它既可以利用物质本身对不同波长光的吸收特性,也可以借助化学反应改变待测物质对光的吸收特性,因而广泛应用于各种物质的定性和定量分析。

试样经沉淀蛋白质、除去脂肪后,在弱酸性条件下,亚硝酸盐与对氨基苯磺酸发生重氮化反应,再与盐酸萘乙二胺偶合形成紫红色物质。该紫色物质最大吸收波长为 540 nm,且色泽深浅与亚硝酸盐含量在一定范围内呈正比,通过与标准对照可确定亚硝酸盐含量。

(2) 微分脉冲伏安法

微分脉冲伏安法是一种灵敏度较高的伏安分析技术,它是在工作电极施加的线性变化的直流电压上叠加一等振幅($2 \sim 100$ mV)、低频率、持续时间为 $40 \sim 80$ ms 的脉冲电压,并测量脉冲加入前约 20 ms 和终止前 20 ms 时的电流之差。由于微分脉冲伏安法测量的是脉冲电压引起的法拉第电流的变化,因此微分脉冲伏安图呈峰形。其峰电位相当于直流极谱的半波电位,可作为微分脉冲伏安法定性分析的依据;峰电流在一定条件下与反应物的浓度成正比,可作为定量分析的依据。由于采用了两次电流取样的方法,很好地扣除了背景电流,因此微分脉冲伏安法具有极高的灵敏度和很强的分辨能力。

亚硝酸根可以在固体电极表面发生氧化反应生成硝酸盐(图 1-10),产生氧化峰电流,氧化峰电流与亚硝酸盐浓度在一定浓度范围内成比例,依据它们之间的线性关系可以实现对亚硝酸盐的定量分析。

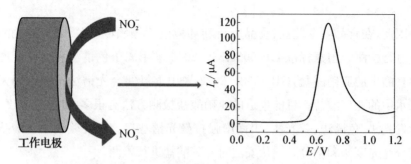

图 1 - 10   亚硝酸根在固体电极表面反应的示意图

三、实验仪器与试剂

1. 仪器与材料

722 型可见分光光度计(配 1 cm 比色皿),CHI660D 电化学工作站,玻碳电极($d=3$ mm)(为工作电极),饱和甘汞电极(为参比电极),铂电极(为对电极),电子分析天平,搅碎机,水浴锅,离心机,烧杯(500 mL),容量瓶(25 mL、250 mL),吸管,滤纸。

2. 试剂

(1) 亚硝酸钠储备液(200 μg/mL):准确称取 0.100 0 g 于干燥器中干燥恒重的亚硝酸钠,加水溶解,定容至 500 mL 容量瓶中。

(2) 亚硝酸钠标准使用液(5.0 μg/mL):准确移取 2.50 mL 亚硝酸钠标准储备液(200 μg/mL),置于 100 mL 容量瓶中,加水稀释至刻度线。

(3) 饱和硼砂溶液(50 g/L):称取 5.0 g 硼酸钠($Na_2BO_7 \cdot 10H_2O$),溶于 100 mL 热水中,冷却后备用。

(4) 对氨基苯磺酸溶液(4 g/L):称取 0.4 g 对氨基苯磺酸,溶于 100 mL 20%盐酸溶液中,混匀,置于棕色试剂瓶中,避光保存。

(5) 盐酸萘乙二胺溶液(2 g/L):称取 0.2 g 盐酸萘乙二胺,溶于 100 mL 水中,混匀,置于棕色试剂瓶中,避光保存。

(6) 亚铁氰化钾溶液(106 g/L):称取 106.0 g 亚铁氰化钾[$K_4Fe(CN)_6 \cdot 3H_2O$],用水溶解后,稀释至 1 000 mL。

(7) 二水合乙酸锌溶液(220 g/L)：称取 22.0 g 乙酸锌[Zn(CH₃COO)₂·2H₂O]，用含有 3 mL 冰乙酸的水溶液溶解,用蒸馏水定容至 100 mL。

(8) 磷酸盐缓冲溶液(0.1 mol/L)。

四、实验步骤

(一) 样品前处理

准确称取 5 g(精确至 0.1 mg)左右经搅碎、混匀的样品,置于 500 mL 烧杯中。加入 12.5 mL 硼砂饱和溶液,加入 70 ℃ 左右的水约 150 mL,搅拌均匀,置于沸水浴中加热 15 min,取出后置冷水浴中冷却,并放置至室温。定量转移上述提取液于 250 mL 容量瓶中,再加入 5 mL 亚铁氰化钾溶液,摇匀,继续加入 5 mL 乙酸锌溶液以沉淀蛋白质。加水至刻度线,摇匀,放置 30 min,利用吸管吸除上层脂肪,上清液用滤纸过滤,弃去初滤液 30 mL,其余滤液备用。

(二) 盐酸萘乙二胺分光光度法测定

1. 标准曲线的绘制

取 8 个规格为 25 mL 的容量瓶,分别准确移取 0 mL、0.1 mL、0.2 mL、0.4 mL、0.5 mL、1.0 mL、1.5 mL、2.0 mL 亚硝酸钠标准使用液(5.0 μg/mL),加水定容,则分别相当于 0 μg/mL、0.02 μg/mL、0.04 μg/mL、0.08 μg/mL、0.10 μg/mL、0.20 μg/mL、0.30 μg/mL、0.40 μg/mL 的亚硝酸钠溶液。分别加入对氨基苯磺酸溶液(4g/L)1 mL,摇匀,静置 5 min,再分别加入盐酸萘乙二胺溶液(2 g/L)0.5 mL,加水至刻度线,摇匀,在室温下静置 15 min,以 1 cm 比色皿、在波长 540 nm 处测定其吸光度,用空白溶液做参比,记录其吸光度,自行绘制表格,并绘制标准曲线,得到线性回归方程。

2. 样品的测定

准确移取 2.00 mL 的样品滤液于 25 mL 的容量瓶中,加入 1 mL 的对氨基苯磺酸溶液(4 g/L),充分摇匀。放置 5 min 后,再加入 0.5 mL 的盐酸萘乙二胺溶液(2 g/L),添加纯化水至刻度线处,充分摇匀,室温下静置 15 min,以 1 cm 比色皿、在波长 540 nm 处测定其吸光度,用空白溶液做参比,记录测定结果,并代入上述线性回归方程,计算试液中亚硝酸盐的浓度 $c(\mu g/mL)$。

(三) 微分脉冲伏安法测定

1. 电极预处理

将玻碳电极($d=3$ mm)在 0.3 μm 的 Al_2O_3 悬浮液上抛光成镜面,然后在无水乙醇和去离子水中分别超声洗涤 30 s,去离子水冲洗后晾干备用。

2. 标准曲线的绘制

分别移取 0 mL、1.00 mL、2.00 mL、3.00 mL、4.00 mL、5.00 mL、7.50 mL、10.00 mL 亚硝酸钠标准使用液(5.0 $\mu g/mL$)置于 25 mL 容量瓶中,利用0.1 mol/L的磷酸盐缓冲溶液稀释至刻度线,配制浓度分别为 0 $\mu g/mL$、0.2 $\mu g/mL$、0.4 $\mu g/mL$、0.6 $\mu g/mL$、0.8 $\mu g/mL$、1.0 $\mu g/mL$、$1.5\mu g/mL$、2.0 $\mu g/mL$ 的亚硝酸钠标准溶液。将不同浓度的标准溶液按浓度由低到高的顺序分别置于电解池内,设置扫描范围为 $0\sim1.2$ V,记录微分脉冲伏安曲线,读出并记录每个伏安图上亚硝酸钠的氧化峰电流(I_{pa}),自行绘制表格,并绘制标准曲线,得到线性回归方程。

3. 样品的测定

准确移取 20.00 mL 上述样品滤液于 25 mL 容量瓶中,利用 0.1 mol/L 的磷酸盐缓冲溶液稀释至刻度线,将样液置于电解池中,同样在 $0\sim1.2$ V 电位范围内扫描其微分脉冲伏安图,记录氧化峰电流(I_{pa}),并代入上述线性回归方程,计算试液中亚硝酸盐的浓度 $c(\mu g/mL)$。

五、数据记录与处理

样品中亚硝酸盐含量按照式(1-7)计算,并将计算结果与食品中亚硝酸盐的限量标准进行比较,判断样品中亚硝酸盐的含量是否合格。

$$\rho=\frac{\dfrac{V_1}{V_2}cV_0}{m_{试样}} \qquad (1-7)$$

式中:ρ 为试样中亚硝酸钠的含量,单位为微克每克($\mu g/g$);V_1 为测定用样液体积,单位为毫升(mL);V_2 为配制试液时移取原液的体积,单位为毫升

(mL);V_0 为试样处理液总体积,单位为毫升(mL);c 为根据标准曲线计算得到的试液浓度,单位为微克每毫升($\mu g/mL$);m 为称取的试样质量,单位为克(g)。

表 1-15　部分食品中亚硝酸盐的限量标准(以 $NaNO_2$ 计)

品　名	限量标准/($mg \cdot kg^{-1}$)
食盐(精盐)、牛初乳	≤2
香肠、酱菜、腊肉	≤20
鲜肉类、鲜鱼类、粮食	≤3
火腿肠、灌肠类	≤30
蔬菜	≤4
其他肉类罐头、腌制罐头	≤50
婴儿配方奶粉	≤5

六、思考与讨论

1. 比较两种方法的测定结果,并分析原因。

2. 比较两种测定方法的优缺点。

参考文献

[1] 中华人民共和国国家卫生和计划生育委员会.食品安全国家标准　食品添加剂使用标准:GB 2760—2014[S].北京:中国标准出版社,2014.

[2] 国家卫生健康委员会,国家市场监督管理总局.食品安全国家标准　饮用天然矿泉水检验方法:GB 8538—2022[S].北京:中国标准出版社,2022.

[3] 国家卫生和计划生育委员会,国家食品药品监督管理总局.食品安全国家标准　食品中亚硝酸盐与硝酸盐的测定:GB 5009.33—2016[S].北京:中国标准出版社,2016.

[4] 陕多亮,王永兰,王艳凤,等.二氧化锆/石墨烯复合材料对亚硝酸盐的电化学传感研究[J].分析化学,2017,45(4):502-507.

模块二
绿色合成化学

　　合成化学是利用化学反应构筑具有特定结构和功能的物质的科学,为新物质的创制提供方法、技术和工程化原理。合成化学在促进人类认识、利用和改造自然,推动国民经济和社会发展方面具有不可替代的作用。

　　新世纪的合成化学正朝着高选择性、原子经济性和环境保护型三大趋势发展,即绿色合成方向发展。绿色合成所追求的目标是高选择性、高效的化学反应,极少的副产物,"零排放",继而达到"原子经济性的反应"。显然,相对化学当量的反应,高选择性、高效的催化反应更符合绿色合成的基本要求。应用高效、高选择性催化剂还可以实现常规方法不能实现的反应,从而大大缩短合成步骤。反应绿色化往往涉及反应原料、反应过程、反应效率等诸多方面。首先,从反应原料上,应选用廉价、无毒、易得的简单分子替代复杂分子,从根源上使反应符合绿色化的特点。其次,需要设计合理的反应路径,采用高效的催化剂实现原料的高效转化,尽可能减少副产物的生成,从而降低对反应的污染。除了反应的过程绿色化,反应过程中的催化剂、溶剂等也应符合绿色化的特点。

　　随着生命科学与材料科学的发展,特别是进入基因重组时代,往往需要各种具有生理或材料功能的新型有机分子,而新的结构分子往往依赖于新的合成方法、合成路径。因此,有机合成不仅要向绿色合成的方向发展,还需要从概念、方法、结构与功能方面冲破传统的束缚,进行全面的发展与创新。

　　新的有机合成方法是通往绿色合成的途径,近年来,特别是声、光、电、磁在有机合成中的应用广泛,对缩短反应时间、提高反应产率、减少能耗与污染方面起到意想不到的效果。应用光化学反应合成可以实现有机分子甚至分子键的准确切割,微波和超声波也被广泛应用于有机合成领域,通过电催化合成有机分子的报道也是屡见不鲜。

除了新的反应方法,选择与环境友好的"洁净"反应介质是绿色合成的另一种重要途径。在传统的有机反应中,有机溶剂是最常用的反应介质,这主要是因为它们能很好地溶解有机反应物,使反应在匀相中发生,避免由于传质带来反应效率低下的问题。但有机溶剂通常具有一定的毒性,且存在对环境有害、难以回收等一系列问题。因此,开发无溶剂下进行的有机固体反应,或使用水、超临界流体、离子液体等作为反应介质的反应将成为发展洁净合成的重要途径。

为适应新的发展形势,满足化学学科人才素养要求以及快速发展的学科系统知识需求,进而培养理论基础扎实和实战经验丰富的化学专业本科生,在培养过程中,学生除了需要掌握基础化学实验中涉及的基本操作,还需更深层次地掌握分子的结构与性质关系,更加系统地了解化合物合成、结构鉴定、成分分析、形貌表征、性能测试等相对完整的研究流程。

本章节中涉及的实验是无机化学、有机化学及分析化学知识的专业性延伸,所涉及的知识面广、学科交叉性强,学生可通过实际的操作应用,加深对基础化学理论知识的理解和掌握,进而培养学生的科学研究思维,为学生将来从事相关的科学研究工作奠定坚实的理论和实践基础。

参考文献

[1] BROWN T E, LEMAY H E, BURSTEN R B E, et al. Chemistry：the central science[M]. 14th ed. Harlow：Person Education Limited, 2018.

[2] 王利人,周永山,林彦军,等.以功能为导向的插层结构功能材料结构设计及应用[J].化学通报,2011,74(12):1074－1083.。

[3] 苏小舟,黄鑫,郑瑾.工程教育认证理念下精细化学与合成化学课程改革实施与探索[J].化学教育,2022,43(20):30－35.

[4] 方岩雄,熊绪杰,王亚莉,等.绿色合成——21世纪的有机合成[J].合成化学,2003(3):213－218,256.

实验 7　葡萄糖酸钙的合成

一、实验目的

1. 掌握由葡萄糖、碳酸钙合成葡萄糖酸钙的原理及方法。
2. 掌握 EDTA 滴定液的配制和标定方法。
3. 了解钙盐含量的测定方法。

二、实验原理

葡萄糖是自然界分布最广且最为重要的一种单糖，它是一种多羟基醛，分子量为 180，白色晶体，易溶于水，味甜，熔点为 146 ℃。分子中的醛基具有还原性，能与银氨溶液等弱氧化剂反应生成葡萄糖酸。葡萄糖酸的制备方法一般有酶法、电解氧化法、空气催化氧化法和化学试剂氧化法。工业上生产葡萄糖酸的方法，主要是酶法和电解氧化法。

葡萄糖酸钙是一种医药和精细化学品，作为药物，葡萄糖酸钙能促进骨骼和牙齿钙化、维持神经和肌肉的正常兴奋，能用于缺钙性及过敏性疾病的治疗，更是人们补钙的首选产品；也可以作为食品添加剂、水泥助剂和水质稳定剂等用于精细化学品领域。葡萄糖酸钙的生产方法有电解法和发酵法等。当前的工业化生产中，主要采用金属催化法和发酵法。

实验室常用过氧化氢或者溴水将葡萄糖氧化成葡萄糖酸，再加入碳酸钙中和即可得到葡萄糖酸钙。与发酵法相比，该制备方法不需要培养菌种，也无须培养基和发酵辅料，从而减少了引入杂质的概率，也间接提高了产品的纯度，简化了提取步骤，所以该方法具有原料易得、成本低廉、工艺简单和反应条件温和等优点。

本实验采用过氧化氢作氧化剂，在无任何催化剂的作用下，可把葡萄糖氧化成葡萄糖酸，不需进行葡萄糖酸的精制，然后再用碳酸钙中和生成的葡萄糖酸,结晶后就可得到葡萄糖酸的粗品。

其反应的过程如下:

$$\underset{\text{(葡萄糖)}}{\overset{\text{CHO}}{\underset{\text{CH}_2\text{OH}}{|\atop (\text{CHOH})_4\atop |}}} \xrightarrow{\text{H}_2\text{O}_2} \underset{\text{(葡萄糖酸)}}{\overset{\text{COOH}}{\underset{\text{CH}_2\text{OH}}{|\atop (\text{CHOH})_4\atop |}}} \xrightarrow{\text{CaCO}_3} \underset{\text{(葡萄糖酸钙)}}{\left[\overset{\text{COO}}{\underset{\text{CH}_2\text{OH}}{|\atop (\text{CHOH})_4\atop |}}\right]_2} \text{Ca} + \text{H}_2\text{O} + \text{CO}_2\uparrow$$

葡萄糖酸钙盐可用配位滴定法滴定其中的钙离子,将样品加水微热使之溶解,加 $NH_3 \cdot H_2\text{-}NH_4Cl(pH=10)$ 的缓冲溶液与铬黑 T 指示剂后用乙二胺四乙酸二钠滴定液滴定至溶液由酒红色转变为纯蓝色。

$$\text{滴定前}:\text{Ca}^{2+} + \text{HIn}^{2-} \rightleftharpoons \text{CaIn}^- + \text{H}^+$$

$$\qquad\qquad\quad \text{纯蓝色} \qquad \text{酒红色}$$

$$\text{终点前}:\text{Ca}^{2+} + \text{H}_2\text{Y}^{2-} \rightleftharpoons \text{CaY}^{2-} + 2\text{H}^+$$

$$\text{终点时}:\text{CaIn}^- + \text{H}_2\text{Y}^{2-} \rightleftharpoons \text{CaY}^{2-} + \text{HIn}^{2-} + \text{H}^+$$

$$\qquad\quad \text{酒红色} \qquad\qquad\qquad\qquad \text{纯蓝色}$$

三、实验试剂与仪器

1. 仪器

烧杯,三角烧瓶,滴管,量筒,容量瓶(250 mL),锥形瓶,电子天平,台秤,酸式滴定管,移液管,表面皿,恒温水浴,布氏漏斗,抽滤瓶,真空泵,烘箱。

2. 试剂

葡萄糖,30%过氧化氢溶液、碳酸钙、无水乙醇、乙二胺四乙酸二钠,碳酸钙,HCl 溶液(6 mol/L),氨水(1∶1),$NH_3 \cdot H_2O\text{-}NH_4Cl(pH=10)$ 的缓冲溶液,铬黑 T,锌粉。

四、实验步骤

1. 葡萄糖酸溶液的制备

称取 0.1 mol (18.0 g) 葡萄糖,置于 100 mL 三角烧瓶中,加入 30%过氧化氢溶液(1.1 g/mL,9.7 mol/L)30 mL,在 60 ℃ 水浴中加热,搅拌 1 h,得到无色

透明的葡萄糖酸溶液,停止反应。把反应液冷却至 60 ℃～70 ℃待用。

2. 葡萄糖酸钙的制备

称取 $CaCO_3$ 0.05 mol (5 g),放入 250 mL 烧杯中,加入去离子水 20 mL,振荡摇匀,形成均一的碳酸钙乳浊液,分批加入葡萄糖酸溶液中,直至无 CO_2 气体放出为止。如有未反应的 $CaCO_3$,可抽滤去除。把上述葡萄糖酸钙溶液转入 100 mL 烧杯冷却至室温,加入等体积比的无水乙醇和水,约 40 mL,静置 10 min 得到絮状沉淀,抽滤得到白色粉末状葡萄糖酸钙粗品,于 50 ℃烘箱中烘干,称重,收集产品。

3. 0.05 mol/L EDTA 标准溶液的配制及标定

称取 9.5 g 分析纯的乙二胺四乙酸二钠盐溶于 300～400 mL 温水中,稀释至 500 mL,摇匀,贮存于试剂瓶中。

准确称取锌粉 0.80～0.82 g 于 250 mL 烧杯中,盖上表面皿,从烧杯嘴边慢慢滴加 10 mL 6 mol/L HCl 使其完全溶解,定量转移到 250 mL 容量瓶中,用水稀释至刻度,摇匀。

用移液管吸取锌标准溶液 25.00 mL 于 250 mL 锥形瓶中,滴加 1∶1 的氨水至开始出现沉淀,加入 10 mL 氨性缓冲溶液(pH=10),加水 20 mL,加铬黑 T 指示剂少许,用 EDTA 标准溶液滴定至溶液由酒红色恰变为纯蓝色即达终点。根据消耗的 EDTA 标准溶液体积,计算其浓度 c_{EDTA}。

4. 葡萄糖酸钙中钙含量的测定

准确称取 0.45 g 葡萄糖酸钙于锥形瓶中,加 20 mL 蒸馏水溶解(必要时可加热溶解),再加入 10 mL 氨性缓冲溶液(pH=10)和适量铬黑 T 指示剂,用 0.05 mol/L EDTA标准溶液进行滴定,溶液的颜色由紫色变为纯蓝,即为终点。平行实验做三次。

五、注意事项

1. 反应需在 60 ℃恒温水浴中进行。这是因为温度过高,过氧化氢会分解。

2. 用酒精为溶剂进行结晶时,开始有大量胶状葡萄糖酸钙析出,过于黏稠,不易搅拌,可用竹棒代替玻璃棒进行搅拌。

六、思考与讨论

1. 阐述过氧化氢氧化得到葡萄糖酸的优点与缺点。

2. 分析所得到的葡萄糖酸钙的纯度及其可能的影响因素。

参考文献

[1] 汪建民.基础化学实验[M].北京:化学工业出版社,2013.

[2] 吴俊森.大学基础化学实验[M].北京:化学工业出版社,2006.

[3] 蒋晶洁,康旭珍,徐春祥.大学化学实验[M].北京:高等教育出版社,2011.

[4] 陈长宝,尚鹏鹏,朱树华,等."葡萄糖酸钙的合成实验"的改进[J].广东化工,2017,
44(12):49-50.

实验8 无机阻燃剂低水合硼酸锌的制备及成分结构分析

一、实验目的

1. 了解低水合硼酸锌的性质和用途。

2. 掌握用氧化锌制备低水合硼酸锌的原理和方法。

3. 掌握锌含量及结晶水含量测定方法。

4. 了解扫描电子显微镜和 X 射线衍射仪（XRD）对物质形貌和结构的分析。

二、实验原理

低水合硼酸锌（low hydrate zinc borate）的商品名称为"Firebrake ZB"，是白色细微粉末，分子式为 $2ZnO \cdot 3B_2O_3 \cdot \frac{7}{2}H_2O$，相对分子质量为 436.64，平均粒径为 $2\sim10\ \mu m$，相对密度为 2.8。

它是一种高效性无机添加型阻燃剂，热稳定性好，具有既能阻燃，又能消烟，并能灭电弧等特点。其阻燃机理为：(1)硼酸锌中 38% 的锌以氧化锌或氢氧化锌的形式进入气相，对可燃性气体进行稀释，降低其燃烧速率。(2)硼酸锌与卤化物在高温下形成卤化锌，可以覆盖于可燃物表面隔绝空气，抑制可燃气体产物的生成，并阻止氧化和热辐射作用。(3)当硼酸锌加入卤素高分子材料后，燃烧过程中形成的 BX_3 会进入气相与水蒸气作用形成卤化氢，阻止自由基间的链反应，起到阻燃的作用。其中，最突出的特点是在 350 ℃高温下，仍保持结晶水，这一温度高于多数聚合物的加工温度，拓宽了低水合硼酸锌的使用领域。

低水合硼酸锌的折射率为 1.58，此值与多数聚合物折射率相近，因此树脂经此阻燃剂处理后仍然保持其透明度。在多数情况下,低水合硼酸锌可单独作阻燃剂使用,但由于它与氯、氢、氧化锑及氢氧化铝等都有协同反应,因此复合使用效果更好。它与国内使用的阻燃剂氧化锑相比,具有廉价、毒性低、发烟少、着色度低等许多优点。目前,低水合硼酸锌已被广泛用于许多聚合物,如 PVC 薄膜、墙壁涂料、电线电缆、输送皮带、地毯、汽车装潢、帐篷材料、纤维制品等的阻燃。

低水合硼酸锌的工业生产方法主要有硼砂-锌盐合成法、氢氧化锌-硼酸合成法和硼酸-氧化锌合成法。

1. 硼酸-氧化锌合成法

该法所用原料为硼酸和氧化锌,其化学反应方程式为:

$$2ZnO + 6H_3BO_3 \rightleftharpoons 2ZnO \cdot 3B_2O_3 \cdot \frac{7}{2}H_2O + \frac{11}{2}H_2O \qquad (1)$$

袁良杰等人发明了制备硼酸锌的方法,即将硼酸和氧化锌混合均匀后,将其倒入反应容器,同时加入一定量去离子水,搅拌配制成流变态,密闭于反应容器中,在一定温度下恒温一定时间,待容器冷至室温后取出产物烘干,即得产物。此法又称为中和法,具有工艺简单、易操作、产品纯度高等优点,同时母液可循环使用,无"三废"污染;缺点是氧化锌和硼酸价格较贵。图 2-1 为中和法生产硼酸锌的工艺流程图。

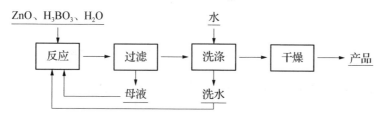

图 2-1 中和法生产硼酸锌的工艺流程图

2. 氢氧化锌-硼酸合成法

该法所用原料为硼酸和氢氧化锌,其化学反应方程式为:

$$2Zn(OH)_2 + 6H_3BO_3 \rightleftharpoons 2ZnO \cdot 3B_2O_3 \cdot \frac{7}{2}H_2O + \frac{15}{2}H_2O \qquad (2)$$

此法的合成条件与硼酸-氧化锌法基本相同。除具有氧化锌法的优缺点外,它的另一缺点是氢氧化锌需要现场制备,而氢氧化锌制取过程中,会不可避免地产生副产物,增加了工序和成本,所以此法在生产中很少使用。

3. 硼砂-锌盐合成法

该法使用原料为硼砂、硫酸锌和氧化锌,其化学反应方程式为:

$$7ZnSO_4 + 7Na_2B_4O_7 + ZnO + 20H_2O = 4\left(2ZnO \cdot 3B_2O_3 \cdot \frac{7}{2}H_2O\right) +$$

$$7Na_2SO_4 + 4H_3BO_3 \tag{3}$$

该法温度须保持在 90 ℃以上,反应时间 8 h 以上(加晶种),其中生成的硼酸可继续与氧化锌按化学反应方程式(1)反应。此法又称为复分解法,缺点是硼的收率低、经济效率低下、反应体系的 pH 较高、合成条件极难控制,这是阻遏该法被广泛工业化的主要原因。图 2-2 为复分解法合成低水合硼酸锌工艺流程图。

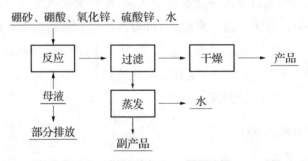

图 2-2 复分解法合成低水合硼酸锌工艺流程图

实验室制备低水合硼酸锌一般采用硼酸-氧化锌合成法。

三、实验仪器与试剂

1. 仪器

四口烧瓶(250 mL),恒温水浴,烧杯(250 mL、500 mL),滴定管,温度计(0 ℃～100 ℃),抽滤瓶(500 mL),布氏漏斗,机械搅拌器,电热鼓风干燥箱,研钵,电子天平,马弗炉,扫描电子显微镜,X 射线衍射仪。

2.试剂

氧化锌,硼酸,浓氨水,盐酸(10%),EDTA 标准溶液(0.05 mol/L),二甲酚橙指示剂(2%),NaAc-HAc 缓冲溶液(pH=4.5),蒸馏水。

四、实验步骤

1.低水合硼酸锌的制备

量取 40 mL 蒸馏水加入四口烧瓶中,搅拌下加入 27.5 g 硼酸,待溶解后再加入 12.5 g 氧化锌,并不断搅拌。将其加热升温至 80 ℃~90 ℃,反应 3 h。反应体系冷却至室温后减压过滤,滤饼用 100 mL 水分两次洗涤。滤饼取出后放入烧杯中,置于 110 ℃电热鼓风干燥箱中,烘干 1 h,研碎得白色细微粉末状低水合硼酸晶体。称取产品质量,计算产率。

2.样品表征

(1) 配位滴定法测定锌含量的原理及计算方法

采用配位滴定法,利用 EDTA 标准溶液在 NaAc-HAc 缓冲溶液的条件下,以二甲酚橙作为指示剂,直接滴定至溶液由红色恰变为亮黄色即达终点。根据消耗 EDTA 的体积来计算产品中锌的含量。

锌含量计算公式如下:

$$\mathrm{Zn}\% = \frac{c_{\mathrm{EDTA}} \times V_{\mathrm{EDTA}} \times M_{\mathrm{Zn}}}{W_{样品} \times 1\,000} \times 100\% \qquad (2-1)$$

式中:c_{EDTA} 为 EDTA 溶液的浓度(mol/L);V_{EDTA} 为 EDTA 溶液的体积(mL);M_{Zn} 为锌的相对原子质量(g/mol);$W_{样品}$ 为样品的质量(g)。

实验方法:准确称取 0.2 g 制备的低水合硼酸锌于锥形瓶中,加入 5 mL 10%的稀盐酸溶解后,加入 20 mL 蒸馏水,摇匀。加入几滴浓氨水中和至 pH 为 4~5。加入 20 mL pH=4.5 的 NaAc-HAc 缓冲溶液及 2 滴 0.2%二甲酚橙指示剂(红),以 0.05 mol/L 的 EDTA 标准溶液滴至黄色。平行实验三次。

(2) 制备的低水合硼酸锌中结晶水含量的测定

硼酸锌中结晶水含量采用灼烧失重法测定。准确称取 1.5 g 制备的低水合硼酸锌置于马弗炉中,400 ℃下煅烧 2 h,冷却至室温,用分析天平称量煅烧后物质的质量。通过煅烧前、后样品质量的变化确定低水合硼酸锌中结晶水含量。

（3）形貌及物相鉴定

采用扫描电子显微镜观察产物的形貌。使用 X 射线衍射的方法分析产物的晶体结构。

X 射线衍射实验方法：称取 1 g 制备的低水合硼酸锌，在研钵中研磨成细腻的粉末状，将粉末均匀地分散在玻璃样品池中，压实后置于 X 射线衍射仪中，设置 $10°\sim80°$ 角度范围进行测试。测试结束后，收集样品，保存数据。将产物谱线位置相对强度与 $2ZnO\cdot3B_2O_3\cdot\frac{7}{2}H_2O$ 的标准图谱对照，分析产品结构，再结合电镜扫描图谱的形貌，计算 d_{XRD}，求得制得的低水合硼酸锌的平均粒径。

五、数据记录与处理

1. 记录并计算制备的低水合硼酸锌的状态、质量和产率。

2. 制备的低水合硼酸锌中锌含量分析结果如下：

表 2-1

	I	II	III
$W_{样品}$/g			
c_{EDTA}/(mol·L^{-1})			
V_{EDTA}/mL			
Zn 的含量			
Zn 含量的平均值			

3. 制备的低水合硼酸锌中结晶水含量的分析结果：

表 2-2

$W_{样品}$（煅烧前）/g	$W_{样品}$（煅烧后）/g	结晶水质量/g	结晶水/%

4. 制备的低水合硼酸锌形貌及物相结构分析。

六、展望

随着超细纳米技术的广泛应用,越来越多的材料需要颗粒更细的添加剂以满足其质量及应用上的需要。因此,阻燃剂的超细化已经成为必然的趋势。近年来,国外大力开发低水合硼酸锌阻燃、抑烟剂的超细产品。例如 Borax 公司开发的平均粒度为 $4\sim5~\mu m$ 的牌号为 Fire brake ZB-Fine 的超细硼酸锌,作为纤维中阻燃灭菌剂以增加其加工性及各组分的分散性,它与 $Al(OH)_3$ 可配制成高温阻碳化阻燃剂。超细低水合硼酸锌添加于塑料后,可提高复合材料的拉伸强度,增加复合材料的有缺口或无缺口抗冲击强度,并增加其抗紫外线能力,使其不易老化。超细低水合硼酸锌具有更好的阻燃、灭菌、防锈作用,广泛用于改性塑料衬门、把手、防霉菌封条、复合高强度材料,可使冰箱内食品抑菌保鲜,使食品贮藏时间大为延长;还可用于超市食品架、食品筐、食品箱、柜台、台面、推车、电梯、公交车把杆、座椅、办公桌,厕所及浴室壁面、包装材料、家具、建筑油漆等。

参考文献

[1] 宋振轩.低水合硼酸锌的阻燃机理与应用[J].华北水利水电学院学报,2008(3):83-84.

[2] 路建美,黄志斌.综合化学实验[M].2 版.南京:南京大学出版社,2014,

[3] 郎建平,卞国庆,贾定先.无机化学实验[M].3 版.南京:南京大学出版社,2018.

[4] 刘向磊.超细低水合硼酸锌的制备及母液处理方法的新工艺研究[D].成都:成都理工大学,2010.

实验 9　KN 型活性染料的合成及染色性能研究

一、实验目的

1. 利用染料合成、染色和性能测试实验,掌握应用化学综合实验的设计方法。

2. 通过本实验项目的实施,掌握有机化学、物理化学、分析化学等理论知识的综合运用。

3. 掌握活性染料合成的基本反应。

4. 掌握活性染料浸染染色的基本方法。

二、实验原理

染料通常是指可以使用一定的办法,让其他物质染上鲜明而具有一定色牢度的有机化合物。染料主要适用于棉、尼龙、涤纶、腈纶、羊毛、醋酐等物质的染色和印花,也被广泛应用在造纸、塑料、皮革、墨水、橡胶制品、彩色照相材料、食品工业等方面。染料按化学结构可以分为偶氮染料、芳甲烷染料、次甲基染料、硫染料和酞菁染料等。同时,根据其性质和用途,染料可以分为酸性染料、碱性染料、中性染料、直接染料、分散染料、活性染料、阳离子染料、硫化染料、冰染染料、还原染料、食用染料及其他染料。在工业合成染料中,活性染料是应用最广泛的一类染料。这是因为活性染料分子结构中带有反应性基团(又称活性基),染色时可与纤维分子中的羟基或氨基生成共价键而结合,同时,活性染料色泽鲜艳,色谱齐全,湿处理牢度好,且不含致癌芳胺和重金属离子。

活性染料一般由三部分构成,分别是染料母体、桥基和反应性基团

（如图2-3所示）。染料母体决定了染料的颜色和应用性能，活性基决定着染料的牢度性能，而桥基是连接母体与活性基的桥梁，对于染料的直接性、溶解度有很大的影响，对于染料的摩擦牢度、沾色牢度、匀染性有直接的影响。

图 2-3　活性染料构成

根据活性染料活性基团与纤维反应类型的不同，活性染料的活性基团大致可以分为三类：第一类是以亲核取代机理进行反应的活性基，比如其中的均三嗪类活性染料。第二类是以亲核加成原理来反应的活性基，这种类型的活性基在活性染料中应用最广的就是 β-乙基砜硫酸酯。第三类是具有多活性基团的，这类活性基团一般都会拥有两个或者两个以上相同或不相同的活性基团。

活性染料发色母体的制备通常包括重氮化反应和偶合反应。

（1）重氮化反应

芳香族伯胺和亚硝酸作用生成重氮盐的反应称为重氮化反应，芳香族伯胺常称重氮组分，亚硝酸为重氮化剂。因为亚硝酸不稳定，通常使用亚硝酸钠和盐酸或硫酸使反应时生成的亚硝酸立即与芳伯氨基反应，避免亚硝酸的分解，重氮化反应后生成重氮盐。

重氮化反应的反应式可表示为：

$$Ar-NH_2+2HX+NaNO_2 \longrightarrow Ar-N_2X+NaX+2H_2O$$

重氮化反应进行时需要考虑下列三个因素：

① 酸的用量　从反应式可知，酸的理论用量为 2 mol，在反应中无机酸的作用是：先使芳胺溶解，再与亚硝酸钠生成亚硝酸，最后生成重氮盐。重氮盐一般是容易分解的，只有在过量的酸液中才比较稳定，所以重氮化时实际用酸量过量很多，常达 3 mol，反应完毕时介质应呈强酸性（pH 为3），对刚果红试纸呈蓝色。重氮过程中经常检查介质的 pH 是十分必要的。反应

时若酸用量不足,生成的重氮盐容易和未反应的芳胺偶合,生成重氮氨基化合物。

$$Ar—N_2Cl + ArNH_2 \longrightarrow Ar—N=N—NHAr + HCl$$

这是一种自我偶合反应,是不可逆的,一旦重氮氨基物生成,即使补加酸液也无法使重氮氨基物转变为重氮盐,从而使重氮盐的质量变坏,产率降低。在酸量不足的情况下,重氮盐容易分解,温度越高,分解越快。

② 亚硝酸的用量 重氮化反应进行时,自始至终必须保持亚硝酸稍过量,否则也会引起自我偶合反应。重氮化反应速度是由加入亚硝酸钠溶液的速度来控制的,必须保持一定的加料速度,过慢则来不及作用的芳胺会和重氮盐作用发生自我偶合反应。亚硝酸钠溶液常配成 30% 的浓度使用,因为在这种浓度下即使在 -15 ℃ 它也不会结冰。反应时可用碘化钾淀粉试纸鉴定亚硝酸是否过量,一滴过量亚硝酸液的存在可使碘化钾淀粉试纸变蓝色。

$$2HNO_2 + 2KI + 2HCl \longrightarrow I_2 + 2KCl + 2H_2O + 2NO\uparrow$$

由于空气在酸性条件下也可使碘化钾淀粉试纸氧化变色,所以试验的时间以 0.5~2 s 内显色为准。亚硝酸过量对下一步偶合反应不利,所以过量的亚硝酸常加入尿素或氨基磺酸以去除。

$$NH_2CONH_2 + 2HNO_2 \longrightarrow CO_2\uparrow + 2N_2\uparrow + 3H_2O$$

$$NH_2SO_3H + HNO_2 \longrightarrow H_2SO_4 + N_2\uparrow + H_2O$$

亚硝酸过量时,也可以加入少量原料芳伯胺,使其和过量的亚硝酸作用而除去。

③ 反应温度 重氮化反应一般在 0 ℃~5 ℃ 进行,这是因为大部分重氮盐在低温下较稳定,在较高温度下重氮盐分解速度加快;另外,亚硝酸在较高温度下也容易分解。重氮化反应温度常取决于重氮盐的稳定性,对氨基苯磺酸重氮盐稳定性高,重氮化反应可在 10 ℃~15 ℃ 进行;1-氨基萘-4-磺酸重氮盐稳定性更高,重氮化反应可在 35 ℃ 进行。重氮化反应一般在较低温度下进行这一原则不是绝对的,在间歇反应锅中重氮反应时间长,保持较低的反应温度是正确的,但在管道中进行重氮化时,反应中生成的重氮盐会很快转化,因此,重氮化反应可在较高温度下进行。

（2）偶合反应

芳伯胺的重氮盐与酚或芳胺等作用生成偶氮化合物的反应过程称为偶合反应。一般可用以下通式表示：

$$Ar{-}N{=}N{-}X{-}+H{-}Ar'{\longrightarrow}Ar{-}N{=}N{-}Ar'+HX$$

式中：Ar 为芳基；X 为酸根；HAr′ 为酚或芳胺。

偶合是生产偶氮染料（见染料）和有机颜料的重要反应过程。偶合反应包括两个反应组分，通常将芳伯胺的重氮盐称为重氮组分；把与重氮盐偶合的酚或芳胺称为偶合组分。

本实验通过对位酯的重氮化和偶合等系列反应制备工业生产中广泛使用的 KN 型活性染料，并将所合成的活性染料应用于棉纤维的染色，对染色后纤维的各项应用性能进行检测。

三、实验仪器与试剂

1. 仪器

电动搅拌器，烧杯（100 mL、250 mL），量筒（10 mL、100 mL），循环水真空泵，电子天平，pH 计等。

2. 试剂

4-硫酸乙酯砜基苯胺（对位酯，$M=281$ g/mol；纯度为 96%），1-(4-磺酸基苯基)-3-羧基-5-吡唑啉酮（$M=284$ g/mol；纯度为 97%），N,N-二甲基苯甲醛，浓盐酸，对硝基苯胺重氮盐，H 酸(1-氨基-8-萘酚-3,6-二磺酸氨基磺酸)(5%)，乙酸钾,工业乙醇,淀粉碘化钾试纸,刚果红试剂,亚硝酸钠,无水碳酸钠,无水硫酸钠。

四、实验步骤

1. KN 型活性染料的合成

(1) 2.5 mL 浓盐酸(0.03 mol)、20 mL 水放入 250 mL 烧杯中,搅拌下冰水浴冷却至 10 ℃以下。

(2) 称取 2.93 g 对位酯(0.01 mol)和 30 mL 水放入 100 mL 烧杯中,加入 0.53 g 无水碳酸钠固体,搅拌使其溶解,若不溶,补加 20%的碳酸钠溶液,最后使溶液的 pH 在 7~7.5(通过试纸或 pH 计测量)。向其中加入 0.73 g 亚硝酸钠(0.010 3 mol)固体,搅拌溶解。将该混合溶液滴加到冷却至 10 ℃以下的上述盐酸水溶液中。滴加过程中,反应液与刚果红试纸和淀粉碘化钾试纸反应呈蓝色(不断用玻璃棒蘸取反应液,确保反应液使刚果红试纸和淀粉碘化钾试纸呈蓝色。若刚果红试纸不变色则盐酸量不够,若碘化钾试纸瞬间不变色则亚硝酸钠量不够)。滴加完毕后继续反应 20 min,用埃利希试剂检测反应是否完全。过量的亚硝酸用氨基磺酸分解,得对位酯的重氮盐溶液。

埃利希试剂主要成分为 N,N-二甲基苯甲醛,配制方法为:1 g N,N-二甲基苯甲醛+5 mL 浓盐酸+95 mL 乙醇。

检测方法如图 2-4 所示:

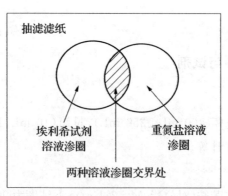

图 2-4 埃利希试剂检测方法示意图

反应机理:

（3）称取 2.93 g 1-(4-磺酸基苯基)-3-羧基-5-吡唑啉酮(0.01 mol)放入 100 mL 烧杯中，加入 20 mL 水。慢慢加入 0.53 g 无水碳酸钠，搅拌溶解(若不溶解可继续滴加少量 20% 碳酸钠溶液使其溶解，注意控制 pH 不超过 7)。

（4）将步骤(3)配制的 1-(4-磺酸基苯基)-3-羧基-5-吡唑啉酮溶液加入步骤(2)制备的重氮盐溶液中，5 min 之内加完，加完后，先用无水碳酸钠固体调节 pH 在 5 左右，再用 15% 的碳酸钠溶液调节 pH 至 6.5~7.0。调整完毕后，继续反应 2 h，利用 15%~20% 的 Na_2CO_3 溶液控制整个反应过程的 pH 在 6.5~7.0，通过渗圈法检测反应是否完全，记录产物的 R_f 值(比移值)。

渗圈法检测反应所需试剂：对硝基苯胺重氮盐和 5% H 酸(1-氨基-8-萘酚-3,6-二磺酸)溶液。检测方法：用高活性的另一重氮盐(对硝基苯胺重氮盐)检测本实验中的偶合组分；用高活性的另一偶合组分(H 酸溶液)检测本实验中的重氮组分。如图 2-5 所示。

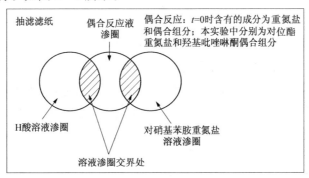

图 2-5 渗圈法检测示意图

反应机理：

黄色

红色

（5）反应结束后，在上述反应体系中加入 300 mL 乙醇，沉淀 10 min，过滤，收集滤饼，烘干后称重，记录产率。

2. KN 型活性染料的染色

取 0.15 g 染料，使用去离子水（自来水也可）定容于 100 mL 容量瓶中，按照染色深度 3％、浴比 1∶20 从中量取 40 mL 染液（用移液管量取）备用，并测定其吸光度值为 A_0。准确称取布样 2 g，放入染液中开始染色。在染色过程中按照所要求的染色工艺，分两批加入设定量的无水硫酸钠（共 2.8 g，每批 1.4 g）。随后，按照染色工艺的要求升温至指定温度后按照不同上染时间进行染色。上染结束后，将染浴温度调至所设定的固色温度并加入 0.12 g Na_2CO_3 进行染料固色，固色时间按照设定值进行。染色工艺曲线如图 2-6 所示。

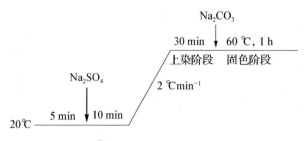

图 2-6 染色工艺曲线

固色结束后,布样经过水洗后收集残液,测定吸光度值为 A_1。随后将布样放入 40 mL 的 2‰～5‰ 的皂液中,95 ℃ 皂煮 15 min,收集皂液,测定其吸光度值为 A_2。利用朗伯-比尔定律求解其固色率(染色浴比为 1∶20,Na_2SO_4 为 70 g/L,Na_2CO_3 为 3 g/L,固色温度为 60 ℃,固色时间为 60 min)。

$$E\% = (A_0 - A_1)/A_0 \times 100 \qquad (2-2)$$

$$R\% = (A_0 - A_1 - A_2)/(A_0 - A_1) \times 100 \qquad (2-3)$$

$$F\% = E\% \times R\%/100 \qquad (2-4)$$

式中:染料的竭染率 $E\%$ 为浸染结束时被纤维吸附的染料量与所使用的染料总量的比值;反应率 $R\%$ 为同纤维发生反应的染料量与吸附染料量的比值;固色率 $F\%$ 为染色结束时,最终在纤维上固着的染料与所使用的染料总量的比值。

注:需要指出的是所有吸光度的值都要根据朗伯-比尔定律换算成同一溶液体积下的吸光度值,再代入上述公式计算。

五、数据记录与处理

1. KN 型活性染料的收率、R_f 值、最大吸收波长、摩尔消光系数等

表 2-3 KN 型活性黄的各项数据

样品	R_f	$\lambda_{max}(H_2O)/nm$	$\varepsilon_{max} \times 10^4/(L \cdot mol^{-1} \cdot cm^{-1})$	收率/%
KN-活性黄				

2. KN 型活性染料的染色性能

表 2－4　KN 型活性黄染色的各项性能数据

样品	A_0	A_1	A_2	$E\%$	$R\%$	$F\%$
KN-活性黄						

3. KN 型活性染料的标准曲线方程

取 0.1 g 染料加入 250 mL 容量瓶中,加去离子水定容,然后分别移取 1 mL、2 mL、3 mL、4 mL、5 mL 溶液加至 100 mL 容量瓶中,加水定容。分别测定以上各水溶液的可见吸收光谱,在染料的最大吸收波长下,以摩尔浓度为横坐标、吸光度为纵坐标得到工作曲线。

六、注意事项

1. KN 型染料合成过程中注意保持温度在 10 ℃以下。

2. 对位酯重氮化过程中注意酸和亚硝酸钠的用量。

七、思考与讨论

1. 埃利希试剂的主要成分是什么?其检测重氮化反应的原理是什么?

2. 重氮盐的制备有顺法和反法两种,两者有何区别?本实验采用的是何种方法?

3. 渗圈法检测偶合反应是否完全的基本原理是什么?

参考文献

[1] 杨振梅,王勇,董仲生,等.活性染料循环套用染色技术[J].染料与染色,2023,60(1):32－35,48.

[2] 潘国光.含异双活性基活性染料的合成工艺[J],染料与染色,2004,41(1):56－62,71－76.

[3] 高文,连志清,马玉群,等.新型抗紫外活性染料的合成与性能[J].印染助剂,2023,40(4):28－32.

实验 10 苯亚甲基苯乙酮的制备

一、实验目的

1. 掌握羟醛缩合反应的原理和机理;学会苯亚甲基苯乙酮的合成方法。
2. 掌握水蒸气蒸馏。
3. 掌握反应温度控制方法;掌握恒压滴液漏斗的使用;巩固重结晶。

二、实验原理

苯亚甲基苯乙酮,又称查耳酮(chalcone),是芳香醛酮发生交叉羟醛缩合的产物,是一类存在于甘草、红花等药用植物中的天然有机化合物。查耳酮是有机合成和药物合成的重要中间体,并且自身也具有广泛的生理活性和药理活性。

苯亚甲基苯乙酮有顺(Z)、反(E)异构体。反式构型为淡黄色棱状晶体,熔点为 58 ℃,沸点为 345 ℃～348 ℃(分解)。顺式构型为淡黄色晶体,熔点为 45 ℃～46 ℃。合成的混合体:熔点为 55 ℃～57 ℃,沸点为 208 ℃(3.3 kPa),相对密度为 1.071 2,折光率为 1.645 8,可溶于乙醚、氯仿、二硫化碳和苯,微溶于乙醇,不溶于石油醚,可吸收紫外光,有刺激性,能发生取代、加成、缩合、氧化、还原反应,可由苯乙酮在碱性条件下与苯甲醛缩合而成,用作有机合成试剂和指示剂。

查耳酮经典的合成方法是在乙醇水溶液中,用强碱(氢氧化钠或氢氧化钾)催化苯甲醛和苯乙酮羟醛缩合后脱水。反应方程式如下:

$$C_6H_5CHO + CH_3COC_6H_5 \xrightarrow{NaOH} C_6H_5CHOHCH_2COC_6H_5 \xrightarrow{-H_2O}$$
$$C_6H_5CH{=\!\!=}CHCOC_6H_5$$

近年来,无溶剂条件下的固相有机反应由于具有反应效率高、操作简单和环境友好等优点而深受关注。1990年首次报道了在无溶剂条件下使用氢氧化钠催化取代苯甲醛和苯乙酮羟醛缩合,以比较高的收率得到相应的查耳酮。1997年有人采用球磨技术进一步改善了有机固相反应的效率,克服了反应底物不能充分接触的缺点。在无溶剂条件下利用氢氧化钠和碳酸钾混合碱作为催化剂,使用球磨技术促进取代苯甲醛和苯乙酮的固相羟醛缩合,反应时间明显缩短,收率可达到90%～98%。本实验主要采取经典的合成方法来合成查耳酮,具体的反应历程如下:

苯甲醛的沸点是178 ℃(如果直接蒸馏的话,到达179 ℃后它会在空气中氧化),与水微溶,因此,采用水蒸气蒸馏,用水把它带出,增大蒸气压,低温下就可蒸出提纯。水蒸气蒸馏操作是将水蒸气通入不溶或难溶于水、但有一定挥发性的有机物质(在100 ℃时其蒸气压至少为666.5～133 3 Pa)中,使该有机物质在低于100 ℃的温度下,随着水蒸气一起蒸馏出来。根据道尔顿分压定律,两种互不相溶的液体混合物的蒸气压等于两液体单独存在时的蒸气压之和。因为当组成混合物的两液体的蒸气压之和等于大气压力时,混合物就开始沸腾(此时的温度为共沸点),所以互不相溶的液体混合物的沸点,要比每一物质单独存在时的沸点低。表2-5为实验中各物质的物理参数。实验仪器装置图如图2-7所示。

表2-5 物理参数

	分子量/ (g·mol^{-1})	状态	熔点/℃	沸点/℃	比重	溶解性
苯乙酮	120.15	无色晶体,或淡黄色油状液体,有类似山楂的香气	20.5	202.3	1.028 1	溶于乙醇、乙醚、丙酮、苯、氯仿
苯甲醛	106.12	无色或微黄色液体,具有杏仁香味	-26	178	1.041 5	溶于乙醇、乙醚、丙酮、苯、石油醚
亚苄基乙酰苯	208	淡黄斜方或菱形晶体	57~59	345~348	1.071 2^a	溶于热乙醇

a:该数据为62 ℃亚苄基乙酰苯相对于4 ℃水的比重。

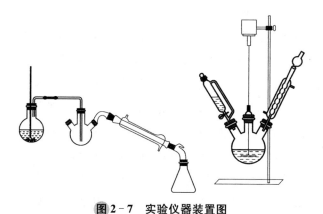

图2-7 实验仪器装置图

三、实验仪器与试剂

1. 仪器

恒压滴液漏斗,三口烧瓶(50 mL、100 mL),圆底烧瓶(100 mL),直形冷凝管,接液管,弹簧夹,磁力搅拌器,布氏漏斗,抽滤瓶 ,真空泵,温度计。

2. 试剂

氢氧化钠水溶液(10％),乙醇(95％),苯乙酮,苯甲醛,苯亚甲基苯乙酮,活性炭,石蕊试纸 。

四、实验步骤

1. 苯甲醛的蒸馏

在三口烧瓶中加入 10 mL 苯甲醛与 15~25 mL 水后,加热圆底烧瓶中的水至沸腾(为节省时间可先加入热水),当有水蒸气从 T 形管的支管冲出时,旋紧原来打开着的弹簧夹,使水蒸气通入三口烧瓶中,并对烧瓶中的液体进行加热,使混合物沸腾,不久有液体流出,控制流出液的速度为 2~3 滴/秒。为了保证烧瓶内混合物不增加太多,必要时(体积超过三口烧瓶容积 1/3),可在通水蒸气的同时,将烧瓶用酒精灯小火加热,以避免水蒸气过多地在烧瓶中冷凝成水。当馏出液已经澄清透明,不再含有机物油珠时,即可停止蒸馏。蒸馏完毕,首先打开螺旋夹,然后停止加热,最后停止通冷却水。

2. 苯亚甲基苯乙酮的制备

在装有搅拌器、温度计和恒压漏斗的 100 mL 三口烧瓶中,加入 25 mL 10％的氢氧化钠溶液、25 mL 95％的乙醇和 6.5 mL 苯乙酮。搅拌下由恒压漏斗滴加 5 mL 苯甲醛,控制滴加速度,保持反应温度在 25 ℃~30 ℃,必要时用冷水浴冷却。滴加完毕后,继续保持此温度搅拌 1.5 h。然后加入几粒苯亚甲基苯乙酮作为晶种,室温下继续搅拌 1~1.5 h,即有固体析出。反应结束后将三口烧瓶置于冰水浴中冷却 15~30 min,使结晶完全。

抽滤收集产物,用水充分洗涤,至洗涤液对石蕊试纸显中性。然后用少量冷乙醇(5~6 mL)洗涤结晶,挤压抽干,得苯亚甲基苯乙酮粗品。粗产物用 95％乙醇重结晶(每克产物约需 4~5 mL 溶剂),若溶液颜色较深可加少量活性炭脱色,得浅黄色片状结晶 6~7 g,熔点为 56 ℃~57 ℃。

实验过程如图 2-8 所示。

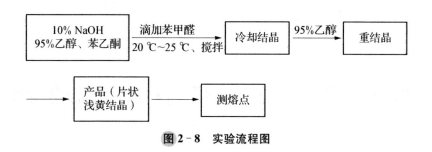

图 2 - 8　实验流程图

3. 性质测试

测试产品的熔点、紫外及红外光谱。

五、注意事项

1. 苯甲醛须新蒸馏后使用。

2. 应控制好反应温度,温度过低产物发黏,温度过高副反应多。

3. 产物熔点较低,重结晶加热时易呈熔融状,故须加乙醇作溶剂使其呈均相。

六、思考与讨论

1. 为什么本实验的主要产物不是苯乙酮的自身缩合或苯甲醛的 Cannizzaro 反应?

2. 本实验中应如何避免副反应的发生?

3. 本实验中,苯甲醛与苯乙酮加成后为什么不稳定,并会立即失水?

参考文献

[1] 阿布力米提·阿布都卡德尔,孙亚栋,张永红,等.超声辐射合成苯亚甲基苯乙酮的研究[J].新疆大学学报,2017,34(4):426 - 428,434.

[2] 胡晓允,韦丽艳,钟诗诗,等.功能化离子液体催化合成苯亚甲基苯乙酮[J].实验室科学,2015,18(3):48 - 50.

[3] 胡晓允,周忠强,单自兴.苯亚甲基苯乙酮合成方法的改进[J].广州化工,2013,41(3):50 - 51.

实验 11　7,7-二氯二环[4,1,0]庚烷的合成

一、实验目的

1. 学习酸催化下醇脱水的反应机理。
2. 掌握回流装置、分馏装置、减压蒸馏装置的搭建。
3. 掌握分液漏斗进行萃取操作的方法。
4. 了解相转移催化的原理。
5. 掌握阿贝折光仪的使用方法。

二、引言

环己烯是一种重要的有机化工原料,其最大的特点在于其中的双键具有很高的活性,在有机化工生产制造方面应用范围非常广。环己烯可以作为反应前体用于合成药物、食品添加剂以及制造塑料和其他材料,此外,它也可以用来生产农药、化肥、医药和其他化学品,对人类社会的发展有着重要的贡献。因此,环己烯的生产意义重大。实验室条件下制备环己烯的工艺主要有两种:一种是采用一元取代的卤代烃,以浓磷酸或浓硫酸为催化剂,将其转化为环己烯;另一种是以环己醇为反应物,用浓磷酸或浓硫酸作催化剂,合成环己烯。由于原料环己醇的成本低于一元卤代物,且由环己醇合成环己烯的过程中只生成水,对周围环境影响小,因此在大部分基础化学实验室中通常都会选用环己醇作为原料来合成环己烯,其反应方程式如下:

$$\text{环己醇} \xrightarrow{\text{催化剂}} \text{环己烯} + H_2O$$

7,7-二氯二环[4,1,0]庚烷是一种重要的有机化合物,广泛应用于医药、农药和化工等领域。近年来,相转移催化技术在有机合成中得到了广泛应用,成为合成有机化合物的重要手段之一。环己烯经相转移催化制得 7,7-二氯二环[4,1,0]庚烷的化学反应方程式如下:

　　在制备 7,7-二氯双环[4,1,0]庚烷实验中,氢氧化钠不溶于环己烯、氯仿,使得反应难以进行,因此,相转移催化合成 7,7-二氯二环[4,1,0]庚烷也成了研究的热点之一。在国外,许多学者对相转移催化合成 7,7-二氯二环[4,1,0]庚烷进行了深入研究。例如,Timo 等利用四丁基溴化铵作为相转移催化剂,成功地合成了 7,7-二氯二环[4,1,0]庚烷。此外,Baird 等采用双相催化体系,合成了纯度较高的 7,7-二氯二环[4,1,0]庚烷。在国内,相转移催化合成 7,7-二氯二环[4,1,0]庚烷的研究也取得了一定的进展。例如,中国科学院化学研究所的李教授等利用季铵盐类相转移催化剂,成功合成了 7,7-二氯二环[4,1,0]庚烷,并且通过对反应条件的优化,提高了产率和选择性。

三、实验原理

1. 环己烯的合成原理

　　醇的脱水常在酸催化的条件下发生,常用的脱水剂有硫酸、磷酸、对甲苯磺酸等;所使用醇不同,反应的速率存在差异,一般叔醇＞仲醇＞伯醇;脱水反应过程遵循 Saytzeff 消除规则,往往生成取代基较多的烯烃。由于该反应是可逆的,且烯烃在酸催化下易于聚合,因此,为了使反应正向发生,避免烯烃的聚合,通常通过分馏柱将沸点较低的烯烃从体系中蒸出,以提高反应的收率。

2. 7,7-二氯二环[4,1,0]庚烷的合成原理

　　以环己烯为原料合成 7,7-二氯二环[4,1,0]庚烷是通过烯烃与分解生成的卡宾发生加成反应实现的。反应过程是首先三氯甲烷在碱性条件下生成三氯甲基碳负离子,然后脱去一个氯负离子产生二氯卡宾,反应方程式如下:

$$HCCl_3 + OH^- \rightleftharpoons :CCl_3^- + H_2O$$

$$: CCl_3^- \rightleftharpoons : CCl_2 + Cl^-$$

二氯卡宾是取代卡宾的典型代表,其具有一对非键电子,碳原子外层只有六个电子,因此,卡兵具有很强的亲电性,易于与富电子的 C＝C 双键发生加成反应,生成环丙烷及其衍生物。二氯卡宾与环己烯的加成反应方程式如下:

$$\text{环己烯} + : CCl_2 \longrightarrow \text{二氯卡宾加成物} \; CCl_2$$

二氯卡宾中间体反应活性很高,如果反应在碱性水溶液中发生,二氯卡宾不能有效被环己烯捕获,所得到的加成产物产率很低。如果将氯仿与强碱混合,同时加入相转移催化剂,则在水相中生成的 $: CCl_3^-$ 阴离子可以很快地转入有机相,进一步分解产生 $: CCl_2^-$,进而在有机溶剂中与环己烯发生加成反应生成目标产物。相转移催化剂的添加不仅简便,而且可以大幅提高反应收率。

四、实验仪器与试剂

1. 仪器

圆底烧瓶(50 mL),三颈烧瓶(100 mL),温度计,回流冷凝管,分馏柱,锥形瓶,分液漏斗,恒压滴液漏斗,电子天平,恒温加热磁力搅拌器,循环水式真空泵,数字阿贝折射仪,红外光谱仪。

2. 试剂

环己醇,六水合三氯化铁,氢氧化钠,石油醚,无水硫酸钠,氯化钠,氯仿,苄基三丁基溴化铵试剂。试剂均为分析纯。

3. 性状参数

表 2－6　性状参数

名称	环己醇	六水合三氯化铁	环己烯
英文名	cyclohexanol	iron(Ⅲ) chloride hexahydrate	cyclohexene
分子式	$C_6H_{12}O$	$FeCl_3 \cdot 6H_2O$	C_6H_{10}

名称	环己醇	六水合三氯化铁	环己烯
结构式			
分子量/ (g·mol⁻¹)	100.16	270.296 2	82.15
性状	无色油状液体 或白色针状结 晶	红棕色固体	无色液体
折光率 (20 ℃)	1.465	/	1.446 5
比重 (20 ℃/4 ℃)	0.810 2	1.82	0.810 2
熔点/℃	24	37	−103.50
沸点/℃	159.6	280～285	82.98
水溶性	溶	920 g/L (20 ℃)	不溶

名称	氯仿	苄基三丁基溴化铵	7,7-二氯双环 ［4,1,0］庚烷
英文名	chloromethane	benzyltributylammo- nium bromide	7,7-dichlorobi- cyclo［4,1,0］ heptane
分子式	CHCl₃	C₁₉H₃₄BrN	C₇H₁₀Cl₂
结构式			
分子量/ (g·mol⁻¹)	119.38	356.38	165.06
性状	无色透明 易挥发液体	白色粉末	无色至淡黄色 透明液体

名称	氯仿	苄基三丁基溴化铵	7,7-二氯双环 [4,1,0]庚烷
折光率 (20 ℃)	1.445 9	1.526 0	1.501 4
比重 20 ℃/4℃	1.483 2	—	1.211 5
熔点/℃	−63.5	172	—
沸点/℃	61.7	—	197～198
水溶性	0.82 g/100 g H_2O(20 ℃)	易溶	—

五、实验步骤

1. 环己烯的合成步骤

向 50 mL 的圆底烧瓶中倒入 15 mL 环己醇,并将几粒沸石加入环己醇溶液中。加入 2 g 六水合三氯化铁,将其搅拌混合均匀。搭建简单蒸馏装置,保证各个玻璃接头接口处紧密连接。利用油浴锅加热圆底烧瓶,促使蒸汽温度维持在 80 ℃左右。接收瓶浸泡于冷水中冷却,之后油浴搅拌慢慢加热到沸(分馏柱上方的馏出温度不能超过 90 ℃),馏出液为带水的浑浊液,无液体蒸出,升高温度,随着反应的进行,它会慢慢地粘在瓶壁上,从而导致反应无法得到充分的催化,最终,溶液从黄褐色变澄清,停止蒸馏,用氯化钠(约 1.5 g)使蒸馏液饱和,然后转移到分液漏斗中,静置,将有机相(上部)分离出来,并在无水硫酸钠下干燥。液体澄清透明,滤入蒸馏瓶,水浴蒸馏,收集 80 ℃～85 ℃馏分,得到无色透明液体 11 mL 左右。本实验总时长 3 h。

2. 7,7-二氯二环[4,1,0]庚烷的合成步骤

100 mL 三颈烧瓶中加入 6 mL 自制环己烯、30 mL 氯仿、1.5g 苄基三丁基溴化铵,放入搅拌子,置于恒温油浴锅中,上方安装好回流冷凝管及温度计,将 12 g 新配备的 50% NaOH 溶液用恒压滴液漏斗缓慢地向反应瓶中滴加(约 15 min 滴完),反应混合物会自动升温,并形成乳浊液,当温度升到 45 ℃～50 ℃时,维持在该温度下,并进行搅拌。反应完毕后,加入 40 mL 的水,把反应溶液倒入分液漏斗中,不能剧烈摇晃,静置分液。收集下面的有机层,用 30 mL

的石油醚对水层进行提取,收集上面的有机相,将提取液与氯仿层进行混合,再用无水硫酸钠进行干燥。常压下蒸出石油醚,在 79 ℃～80 ℃、2 kPa 的压力下通过减压蒸馏来收集馏分,计算收率。本实验总时长 4 h。

六、数据记录与处理

1. 记录所得产品——环己烯的性状、产品重量,计算产品收率。

2. 利用阿贝折光率仪测定环己烯的纯度。

3. 利用红外光谱对所制得的环己烯的结构进行表征。

4. 记录所得产品 7,7-二氯二环[4,1,0]庚烷的性状、产品重量,计算产品收率。

5. 利用阿贝折光率仪测定 7,7-二氯二环[4,1,0]庚烷的纯度。

6. 利用红外光谱对所制得的 7,7-二氯二环[4,1,0]庚烷的结构进行表征。

7. 填写实验记录表。

表 2－7

化合物	性状	质量	收率	折光率	红外特征峰

七、思考与讨论

1. 环己烯的合成过程中观察到哪些实验现象? 请分析导致这种现象出现的可能原因。

2. 环己烯的合成所得收率是否正常? 如出现异常,可能的原因是什么?

3. 环己烯的纯度如何? 哪些因素会影响其纯度?

4. 7,7-二氯二环[4,1,0]庚烷的合成过程中观察到哪些实验现象? 请分析导致这种现象的可能原因。

5. 7,7-二氯二环[4,1,0]庚烷的合成所得收率是否正常? 如出现异常,可能的原因是什么?

6. 7,7-二氯二环[4,1,0]庚烷的纯度如何? 哪些因素影响其纯度?

7. 环己烯和 7,7-二氯二环[4,1,0]庚烷的特征峰在什么位置？测得的红外谱图中是否有对应的特征峰？

八、注意事项

1. 环己烯合成的注意事项：

（1）环己醇黏度较大，可采用增重法，将环己醇直接加入三颈烧瓶中，避免转移损失。

（2）使用分馏柱时，应严格控制馏出液速率为 2～3 秒/滴，防止由于加热过于剧烈，将未反应的环己醇蒸出。

2. 7,7-二氯二环[4,1,0]庚烷合成的注意事项：

（1）相转移催化剂不能过量，否则会影响洗涤后的分层。

（2）搅拌过程应该先慢后快，等到反应平稳后适当将搅拌速度调快。

（3）严格控制反应温度，温度过高将导致反应液呈现深褐色。

（4）洗涤过程不能剧烈振荡，否则将影响分液操作。

参考文献

[1] TIMO V K, DAVID C, OLIVER K C. Enhanced mixing of biphasic liquid-liquid systems for the synthesis of gem-dihalocyclopropanes using packed bed reactors[J]. Journal of Flow Chemistry, 2019, 9(1)：27 - 34.

[2] BAIRD M S. Thermally induced cyclopropene-carbene rearrangements：an overview[J]. Chemical Reviews, 2003, 103(4)：1271 - 1294.

[3] 李晓如, 张恒峰. 季铵盐催化合成 7,7-二氯二环[4,1,0]庚烷[J]. 化学试剂, 2002, 24(1)：38 - 40.

模块三
环境友好材料

　　人类社会的高速发展带来严重的环境污染,对生态环境产生了巨大的威胁。在所有的环境污染种类中,水污染是全世界都普遍存在的问题。水是生产生活中必不可少的资源,我国的水资源并不充足,存在资源紧张的问题,因此需要节约用水,并且应对污染水源进行处理,达到循环应用的目的,实现节约资源、保护环境的目标。水污染主要来自工业废水及生活污水的排放、石油开采过程中的泄露、农业生产中的农药喷洒等。水体中的主要污染物种类繁多、组成复杂,按照污染物的化学性质可将其分为有机污染物和无机污染物,其中持久性有机污染物和有毒重金属是水生环境中最严重的污染物。各国科研人员都在研发先进的水处理技术来减少水资源的污染、清除污水中的污染物,提高水资源的利用效率。水中污染物可通过物理、化学和生物三种方法进行去除。

　　物理方法采用物理现象去除污水中的污染物,不涉及化学与生物过程,是当前水处理的有效手段之一,主要包括沉降、脱气与过滤。沉降是污水处理的一种基本方法,其通过重力沉降将污染物颗粒从水体中分离出来。沉降处理通常用在絮凝处理过程前降低颗粒的浓度以减少絮凝剂的使用量。从溶液中去除溶解气体的过程称为脱气。脱气基于亨利定律,该定律指出液体中溶解气体的量与溶液上方气体的分压成正比。脱气是从废水中去除二氧化碳气体的一个低成本有效方法,它通过脱除气体来增加水的 pH。过滤是根据污染物尺寸去除污染物的方法。从废水中去除污染物时使用的过滤器根据废水中的污染物类型而有所不同。当前,两种主要的废水过滤类型是颗粒过滤和膜过滤。

为了减少污染物随废水排放到水体中,在物理或生物方法外常补充使用化学方法。为了安全处理污染物,可采用不同的化学工艺将其去除或转化为最终产品。常用的化学方法包括絮凝和混凝、臭氧化、化学沉淀、吸附、离子交换。混凝和絮凝是工业废水处理中固液分离的关键。在混凝过程中,加入的凝结剂会通过中和颗粒电荷来破坏胶体分散液的稳定性,从而导致较小颗粒的聚集。而絮凝过程是絮凝剂的高分子链在悬浮的颗粒与颗粒之间架桥,促进小颗粒之间的凝聚,从而形成更大的不稳定颗粒。由于官能团、电荷、离子强度和分子量等不同的结构特征,不同的混凝剂(或絮凝剂)会表现出不同的特性。

由于臭氧的高氧化性和消毒能力,臭氧化工艺在工业水处理技术中受到了越来越多的关注。臭氧在废水氧化中的应用包括:(1) 去除有气味、味道和颜色的物质;(2) 将无机化合物转化为更高的氧化态;(3) 分解难以生物降解的化合物;(4) 氧化有机污染物;(5) 消毒。作为一种不稳定的气体,臭氧可与废水污染物通过分子臭氧直接反应或通过羟基自由基的形成间接反应。化学沉淀法是去除工业废水中重金属的最有效技术之一。通过废水中溶解的金属元素和沉淀剂之间的化学反应,金属离子可转化为不溶性颗粒。化学沉淀剂通常用于去除金属阳离子;有些情况下,也用于去除活性阴离子和分子。化学沉淀主要有三种沉淀类型,分别为氢氧化物沉淀、碳酸盐沉淀、硫化物沉淀。沉淀过程之后再进行物理过程,如过滤、沉降。

吸附过程已被广泛应用于去除环境中的有机污染物。被吸附溶质称为吸附质,而具有高孔隙率的固体称为吸附剂。根据吸附剂与吸附质之间的相互作用,吸附可分为物理吸附和化学吸附。物理吸附时,吸附质通过弱范德华力吸附到吸附剂表面。而化学吸附时,由于吸附剂表面存在官能团,这些官能团可以通过与污染物发生静电相互作用或化学键合来吸附污染物。好的吸附剂应具备以下特点:(1) 高比表面;(2) 足够的官能团,如羟基、氨基等;(3) 合适的孔径;(4) 丰富的可利用性;(5) 良好的机械性能。根据获得来源,吸附剂可分为天然吸附剂和合成吸附剂。天然吸附剂是天然的固体物质,如黏土、沸石、活性炭、纤维素、微生物质(包括细菌、真菌和藻类物质)等。而合成吸附剂是人类在实验室中制备的物质,如碳纳米管、磁铁矿、羧甲基纤维素、石墨烯等。

废水中的离子进行置换的过程称为离子交换过程,其中用于处理污染物的材料称为树脂。阳离子交换和阴离子交换是离子交换过程的两种类型。其具体过程为:共价键合的树脂框架上连接的活性基团形成具有空间的聚合物基质,允许适当的离子通过。在阴离子或阳离子交换过程中,带负电荷或正电荷的离子被污染水中的相应离子取代。目前存在两种类型的树脂,即天然树脂和合成树脂。与天然树脂相比,合成树脂更广泛应用于金属的无限分离。天然树脂包括黏土、多糖、蛋白质和碳材料等;合成树脂有重金属硅酸盐、甲醛树脂、葡聚糖、丙烯酸共聚物等。

生物方法是指通过生物降解去除溶解和悬浮的有机污染物,其中加入最佳数量的微生物以进行相同的自然自净化过程。微生物可以通过生物氧化和生物合成两种不同的生物过程分解废水中的有机物。在生物氧化过程中,用于废水处理的微生物会产生一些最终产物,如矿物质、CO_2、氨。产物(矿物质)残留在废水中,与废水一起排放。在生物合成过程中,微生物利用废水中的有机物,产生具有致密生物量的新微生物细胞,这些微生物细胞可通过沉降去除。生物修复是一种生物处理过程,是指由微生物将废水中的有毒污染物分解或转化为毒性较小或无毒的产物。废水的生物修复可以通过自养或异养,并采用以下技术进行:(1) 植物修复;(2) 根滤;(3) 生物强化;(4) 生物刺激。自养生物能够固定碳并利用废水中的无机物质(二氧化碳)产生包括脂肪、蛋白质和碳水化合物在内的有机化合物。产生的有机化合物将被异养生物利用以促进它们的生长和发育。异养生物是有机体,它们不能固定碳,只是利用废水中的有机化合物作为能量来源。

近年来不断发展的光催化技术,是一种高级氧化技术,被认为是处理含有机污染物废水的最有效和最环保的技术之一。光催化降解是基于光催化剂在光照的条件下,能产生具有强氧化能力的活性自由基,从而实现污染物的净化、物质合成和转化等目的。通常情况下,光催化氧化反应以半导体为催化剂,以光为能量,将有机物降解为二氧化碳和水。与传统的水处理技术相比,光催化技术的优势在于高效、绿色安全、无二次污染、反应条件温和、操作简便,具有广阔的应用前景。

上述水污染物处理方法有各自的优点和局限性,究竟选用何种方法或几种方法混合通常决定于水体的污染程度和污染物的种类。本章节以絮凝、吸附、臭氧氧化和光催化降解四种化学处理方法为示例,通过五个实验来深刻理解:(1) 絮凝、吸附、臭氧氧化和光催化降解的工作原理;(2) 絮凝剂、吸附剂和光催化剂的结构特征;(3) 水中污染物的絮凝、吸附、臭氧氧化和光催化处理过程;(4) 水污染物处理效果的评价。使学生在实验的基础上夯实化学专业理论知识,同时能够推陈出新,大胆设想,积极推进与水处理过程相关的基础科学以及技术的创新发展。

参考文献

[1] LIU B, ZHANG S G, CHANG C C. Emerging pollutants—part II: treatment[J]. Water Environment Research: A Research Publication of the Water Environment Federation, 2017, 89(10): 1829 - 1865.

[2] GHASEMI N, ZARE F, HOSANO H. A review of pulsed power systems for degrading water pollutants ranging from microorganisms to organic compounds[J]. IEEE Access, 2019, 7: 150863 - 150891.

[3] KUSMIEREK E. Semiconductor electrode materials applied in photo electrocatalytic wastewater treatment—an overview[J]. Catalysts, 2020, 10(4): 439.

[4] KARTHIGADEVI G, MANIKANDAN S, KARMEGAM N, et al. Chemico-nanotreatment methods for the removal of persistent organic pollutants and xenobiotics in water—a review[J]. Bioresource Technology, 2021, 324, 124678.

[5] SARAVANAN A, SENTHIL KUMAR P, JEEVANANTHAM S, et al. Effective water/wastewater treatment methodologies for toxic pollutants removal: proce6sses and applications towards sustainable development[J]. Chemosphere, 2021, 280, 130595.

[6] WANG J, WANG Z J, VIEIRA C L Z, et al. Review on the treatment of organic pollutants in water by ultrasonic technology[J]. Ultrasonics Sonochemistry, 2019, 55: 273 - 278.

[7] 张楠,高山雪,陈蕾.电化学技术在水处理中的应用进展[J].应用化工,2021,50(8):2240 - 2243.

[8] 曲鏊洋.水处理膜技术的发展现状及趋势[J].技术研究,2021,28(5):94 - 95.

实验 12　淀粉基阳离子絮凝剂的制备及性能测试

一、实验目的

1. 了解生物质大分子的改性制备技术与原理。
2. 掌握絮凝剂性能的测定方法。
3. 掌握取代度、反应效率的测定和计算方法。
4. 掌握合成工艺条件的设计与最优化方案的筛选方法。
5. 学习和掌握半干法合成技术。

二、实验原理

水是人类生产生活中最为重要的物质。随着现代工、农业的快速发展,水体的污染也日趋严重,水质质量呈现不断恶化的趋势。对水质进行衡量的各项指标中,浊度是一项非常重要的常用指标。经研究发现,水体浑浊的主要原因是其中含有大量的微小悬浮物,土壤等的胶体颗粒便属于其中。由于土壤胶体颗粒通常带有负电荷,粒径小且稳定,因此造成的浑浊更持久,处理难度也更大。

絮凝剂是净化水质、沉降悬浮物的一类有效药剂,而高分子絮凝剂因其具有用量少、处理效果好、处理后污泥体积小、来源广泛、价格低廉、可再生、绿色环保等优点,在废水处理领域得到日益广泛的应用。其中采用淀粉等天然高分子经醚化接枝制备的高分子絮凝剂具有原料来源广泛、成本低廉、易生物降解等优点而受到格外重视,但是天然高分子材料也存在表面电荷低、分子量相对较低、絮凝效果不佳等不足之处。

淀粉是高分子碳水化合物,是由葡萄糖分子聚合而成的多糖,其基本构成单位为 α-D-吡喃葡萄糖,分子式为$(C_6H_{10}O_5)_n$,分子结构式如下:

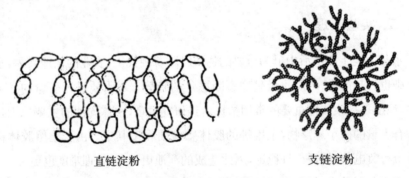

天然淀粉中含有直链淀粉和支链淀粉两类,如图 3-1 所示。直链淀粉为无分支的螺旋结构,冷水不溶,热水可溶。支链淀粉是 24~30 个葡萄糖残基以 α-1,4-糖苷键首尾相连而成,在支链处为 α-1,6-糖苷键,常温下不溶,热水中溶胀。不同来源的天然淀粉中支链淀粉含量不同,支链淀粉约占 74%~80%。

直链淀粉　　　　　　　　　　支链淀粉

图 3-1　天然淀粉

常温下支链淀粉含量较高的天然淀粉在水中几乎不溶,但如果将带有正电荷的小分子接枝到淀粉分子链上,可以得到一种支链带有正电荷基团且分散开来的淀粉大分子,从而具有表面积大、表面电荷高、分子量大等特点,絮凝性能可以得到显著增强。

3-氯-2-羟丙基三甲基氯化铵(CTA)是一种带有活性基团的季铵型阳离子表面活性剂,也是一种重要的阳离子化试剂,反应活性适中,接枝效率高。其分子结构式如下:

$$\underset{\underset{Cl^-}{}}{H_2C}-\underset{OH}{\overset{}{CH}}-CH_2-\overset{+}{N}(CH_3)_3$$

在碱的水溶液中,淀粉(以 Starch—OH 表示)与 CTA 反应生成阳离子化接枝产物:

$$Starch—OH + \underset{\underset{Cl\ \ OH}{|\ \ \ |}}{H_2C-CH-CH_2}-\overset{+}{N}(CH_3)_3 \ \xrightarrow[\triangle]{NaOH}$$
$$Cl^-$$

$$Starch—O—CH_2CHCH_2\overset{+}{N}(CH_3)_3$$
$$\underset{OH}{|}\qquad Cl^-$$

加热条件下,CTA 及接枝产物易发生水解而产生副产物:

$$\underset{\underset{Cl\ \ OH}{|\ \ \ \ |}}{H_2C—CH—CH_2}-\overset{+}{N}(CH_3)_3 + H_2O \xrightarrow[\triangle]{NaOH} \underset{\underset{OH\ \ OH}{|\ \ \ \ |}}{H_2C—CH—CH_2}-\overset{+}{N}(CH_3)$$
$$Cl^- \qquad\qquad\qquad\qquad\qquad\qquad Cl^-$$

$$Starch—O—CH_2CHCH_2\overset{+}{N}(CH_3)_3 + H_2O \xrightarrow[\triangle]{NaOH} Starch—OH +$$
$$\underset{OH}{|}\qquad Cl^-$$

$$\underset{\underset{OH\ \ OH}{|\ \ \ \ |}}{H_2C—CH—CH_2}-\overset{+}{N}(CH_3)$$
$$Cl^-$$

尽量减少水的用量,不仅有利于提高阳离子接枝产率,还有利于产品的后处理。

絮凝剂的作用机理一般有压缩双电子层、吸附-电性中和、吸附架桥作用、网捕-卷扫作用等。絮凝剂的种类及投料量、溶液的 pH、杂质种类、水温、搅拌速度及静置时间等因素都会影响絮凝效果。测定具体水样处理时絮凝剂的最佳投料量及最优絮凝条件不仅可以更有效地净化水质,还可避免过量投料造成的浪费和污染。

三、实验仪器与试剂

1. 仪器与材料

电动搅拌机(金属转接头),六联搅拌机,浊度仪(0～200 NTU),浊度仪试样瓶,超声波清洗机,循环水真空泵,真空干燥箱,电子天平,水浴锅,红外光谱分析仪,元素分析仪,移液枪(1 000～5 000 μL),聚四氟乙烯搅拌棒,布氏漏斗(含胶塞或垫圈),吸滤瓶,洗瓶,剪刀,药匙(金属),玻璃棒,量筒(10 mL),容量瓶(50 mL、100 mL、250 mL),烧杯(50 mL 、500 mL),三口烧瓶(100 mL,19 口×3),空心塞(19 口),塑料烧杯(5 000 mL),研钵,移液枪枪头,滤纸,真空管,称量纸,广泛 pH 试纸,一次性滴管(5 mL),标签纸,吸水纸,橡皮筋,小号自封袋。

2. 试剂

玉米淀粉,氢氧化钠,3-氯-2-羟丙基三甲基氯化铵(CTA),冰醋酸,无水乙醇,去离子水,超细高岭土,稀盐酸,浊度仪校准溶液(200 NTU)。

四、实验步骤

1. 产品制备

将带有白色聚四氟乙烯胶塞的搅拌棒用金属接头连接到搅拌机上,搅拌棒尽量贴着烧瓶底部,调节垂直。室温下,向 100 mL 三口烧瓶中加入5.800 0 g玉米淀粉,然后在轻微搅拌下用滴管逐滴加入一定体积(约 6 mL)的6% NaOH 溶液,在电动搅拌机上慢速搅拌 10 min,以使 NaOH 溶液与淀粉充分混合并使淀粉活化。

称取 3.000 0 g 3-氯-2-羟丙基三甲基氯化铵(CTA),缓慢搅拌下逐滴加入上述淀粉中,室温下搅拌反应 30 min,以使 CTA 与淀粉充分混合均匀,将三口烧瓶其余瓶口用玻璃塞塞好后,将其置于设定温度为 70 ℃的水浴锅中搅拌反应2 h,得到初步合成后的阳离子化淀粉粗产品。向反应中加入 20 mL 含少量醋酸的无水乙醇溶液(每 100 mL 乙醇中含 1 mL 冰醋酸),关闭恒温水浴加热开关,利用余热快速搅拌约 10～20 min 至淀粉由黄变白,液体由黏稠变成较硬块状且大部分与烧瓶瓶底脱离后,停止搅拌,抽滤除去乙醇溶液后,将淀粉固体转移到50 mL 小烧杯中,再用约 20 mL 无水乙醇浸泡 10 min,并用玻璃棒碾碎,如还有较大淡黄色块状固体,可用药匙取出并用剪刀剪成小颗粒并继续用无水乙醇浸泡、碾碎,直至几乎全为白色细小颗粒且没有较大浅黄色块状为止,抽滤,滤饼在50 ℃下真空干燥至恒重(记录质量),精细粉碎后过 20 目筛,得到白色粉末状的季铵盐阳离子改性淀粉(简称改性淀粉),称重,计算产率。

2. 产品表征

（1）红外表征

取干燥至恒重的季铵盐阳离子改性淀粉与干燥的溴化钾固体混合研磨均匀，通过红外光谱分析仪测定其红外光谱值，保存数据。

（2）元素分析

称取 0.100 0 g 的改性淀粉和 3.000 0 g 催化剂铜粉，在元素分析仪测定模式下，将熔锡囊包裹的改性淀粉再次精确称量后，置于燃烧管中燃烧，进行含氮量的测定。

3. 絮凝性能测试

准确称取 0.250 0 g 改性淀粉于小烧杯中，加入 20 mL 去离子水使其分散，用玻璃棒碾碎较大颗粒，转入 250 mL 容量瓶中定容，获得 1.000 0 g/L 的标液，贴标签，备用。

准确称取 0.100 0 g 原淀粉于小烧杯中，加入 10 mL 去离子水使其分散，用玻璃棒碾碎较大颗粒，转入 100 mL 容量瓶中定容（只需配 1 瓶，公用）。

在 500 mL 烧杯中，依次加入超细高岭土 2.500 0 g 和去离子水 450 mL，用稀盐酸和氢氧化钠溶液调节溶液 pH 至 3、5、6、7、8、9，搅拌均匀后按一定质量配比加入上述原淀粉或改性淀粉溶液（2.50 mL 原淀粉溶液和体积依次为 2.00 mL、2.25 mL、2.50 mL、2.75 mL、3.00 mL 的改性淀粉溶液），调整六联搅拌机转速，以 120 r/min 的转速快速搅拌 10 min 后，转速降至 30 r/min 继续搅拌 5 min 后关闭搅拌器，使其自然沉降 10 min 后，取上层清液置于校准好的浊度仪中，测定絮凝后的模拟水体的浊度。

五、数据记录与处理

1. 原始数据记录

表 3-1

		A	B	C	D	E	F
序号	溶液种类	原淀粉溶液 2 500 μL	改性淀粉 2 000 μL	改性淀粉 2 250 μL	改性淀粉 2 500 μL	改性淀粉 2 750 μL	改性淀粉 3 000 μL
1	pH＝3						

续　表

		A	B	C	D	E	F
2	pH=5						
3	pH=6						
4	pH=7						
5	pH=8						
6	pH=9						

2. 数据处理

(1) 季铵盐阳离子改性淀粉的取代度(DS)：

$$DS = \frac{162 \times w}{1\,400 - 151.5 \times w} \qquad (3-1)$$

式中：1 400 为反应体系中含氮元素的总相对分子质量；151.5 为季铵盐基团的相对分子质量；w 为样品中所含氮元素的分子百分含量，%；162 为淀粉基絮凝剂中剩余葡萄糖基团的相对分子质量。

(2) 季铵盐阳离子改性淀粉的反应效率(RE)，其计算方法如下：

$$RE = \frac{DS}{[n(\text{GTA})/n(\text{CHS})]} \times 100\% \qquad (3-2)$$

式中：DS 为样品的取代度；$n(\text{GTA})$ 为 N-(2,3-环氧丙基)三甲基氯化铵的物质的量，mol；$n(\text{CHS})$ 为玉米淀粉的物质的量，mol。

(3) 以改性淀粉用量(B、C、D、E、F)为横坐标，溶液浊度为纵坐标，考察不同 pH 对改性淀粉絮凝效果的影响。请指出改性淀粉用量对絮凝效果的影响变化规律，并分析可能的原因。

(4) 圈出不同 pH 环境下，不同改性淀粉用量(B、C、D、E、F)时溶液浊度的最小值，得到该 pH 环境下的最优投加量。请指出改性淀粉最佳用量随溶液 pH 变化的规律，并分析可能的原因。

(5) 以原淀粉(A)与改性淀粉最优投加量时的浊度为纵坐标，不同 pH 为横坐标，用柱状图呈现原淀粉与改性淀粉的比较图。请比较原淀粉与改性淀粉的絮凝效果。

（6）用本组完成的数据，以不同 pH 为横坐标，浊度为纵坐标作图。请就本组得到的数据，分析絮凝效果随溶液 pH 的变化规律，并分析可能的原因。

六、思考与讨论

1. 玉米淀粉在使用前需要用 NaOH 进行预处理，其目的是什么？

2. 就溶剂使用量而言，本实验采用了什么合成方法？选用该方法的原因是什么？

3. 季铵盐阳离子改性淀粉的絮凝机理有哪几种？

4. 与普通絮凝剂相比，本实验合成的季铵盐阳离子改性淀粉有哪些优点和缺点？

七、注意事项

1. 搅拌时应匀速，以免原料过多地粘在容器内壁上而反应不均匀。

2. 取用 CTA 时应尽量迅速，避免吸潮影响称量。

3. 反应结束后，应严格按照时间设定进行操作，以免造成误差。

4. 取产物时应尽量完全。

5. 粉碎时注意安全。

6. 粉碎后的产物尽量轻拿轻放，避免损失。

7. 滴管等应贴标签，避免混用。

参考文献

[1] 刘兆丽,曹亚峰,马希晨.淀粉接枝两性离子絮凝剂的制备[J].大连轻工业学院学报,2003,22(1):50-52.

[2] 袁博.两性型淀粉改性絮凝剂的制备及其在水处理中的应用研究[D].南京:南京大学,2013.

[3] 具本植.高取代度阳离子淀粉的制备与应用研究[D].大连:大连理工大学,2000.

[4] 杜晴.淀粉改性絮凝剂在发制品废水处理中的应用研究[D].南京:南京大学,2018.

[5] 张淑娟,林亲铁,张旭兰.淀粉基复合絮凝剂的制备及其絮凝效果研究[J].安徽农业科学,2013,41(6):2613-2614,2617.

[6] 邓浩璇,姜颖,范耐茜,等.高分子絮凝剂改性淀粉的制备及其性能[J].化工进展,2009,28(z1):180-182.

[7] 张昊,郑瑶瑶,王海涛,等.淀粉基絮凝剂的制备及废水应用的研究进展[J].功能材料,2022,53(2):2012-2018.

[8] 肖瑀,郑学斌,仰玲玲,等.天然淀粉改性絮凝剂的应用分析[J].食品安全导刊,2022(1):144-146.

实验 13　花生壳基活性炭的制备及对水中 Cu^{2+} 的吸附研究

一、实验目的

1. 掌握活性炭的制备及表征方法。
2. 掌握活性炭吸附性能的测试方法。
3. 了解活性炭吸附的基本原理。
4. 掌握活性炭在污水处理领域的应用。
5. 了解活性炭吸附材料的发展动向。

二、实验原理

活性炭是一种具有巨大比表面积和发达孔隙结构的多孔材料,其主要组成元素为 C,一般可以采用矿物性原料或植物性原料制备获得。在制备过程中,一般需要经过炭化和活化两个步骤。炭化主要是在特定的温度下,对原材料进行热解反应,去除水分和降低挥发分,初步形成一个具有多孔结构的碳基材料。活化主要是将碳基材料在活化剂的作用下,对活性炭的原有孔隙通道进行疏通,扩展孔隙和形成新孔隙,从而增多活性炭的微孔数量,提升其比表面积。

在上述两个过程中,活性炭的活化对于活性炭的制备有着至关重要的影响。常用的活化方法包括物理活化、化学活化和其他活化方法。

（1）物理活化法

物理活化法也称为气体活化法,主要是将炭化步骤得到的炭化材料,在高温条件下,通入水蒸气、CO_2 或空气等氧化性气体,这些活化气体进入炭料内部,与炭化料中的碳原子和空隙内的焦油等反应,实现拓展微孔结构和生成新孔隙的过程,从而增大其比表面积。该法对环境的污染相对较小,设备要求不高,但是活化的温度较高,能耗较大。

(2) 化学活化法

化学活化法是将炭料与化学活化剂混合在一起,在一定的温度和惰性气体下,活化剂进入炭层中通过侵蚀作用拓展活性炭孔隙的方法。常用的化学活化剂包括 H_3PO_4、$ZnCl_2$、KOH 和 $NaOH$ 等。化学活化法相对于物理活化法,其操作较为简单,节省时间,制备的活性炭孔隙结构较好。

(3) 其他活化方法

除上述两种方法外,还有物理化学活化法、催化活化法和微波加热法等。

目前,工业上生产活性炭的原料主要是植物性原料和矿物性原料。植物性原料主要包括农业废弃物、木材、竹子和坚果壳等;矿物性原料主要包括烟煤、沥青焦、石油焦等矿物或化工副产物。近年来,由于世界性的资源短缺和环境保护,使得生产原料较为短缺,价格也比较高。而众多的农业废弃物、植物废料和坚果壳等利用程度较低,甚至无人利用。最终的焚烧处理或者堆放腐烂不仅浪费了资源,还对环境产生了一定污染。因此,采用农业废弃物和坚果壳等作为原料来制备活性炭有效地实现了资源的循环利用,成为近年来的一个研究热点。

目前,活性炭被广泛应用于各个领域,包括环保、医疗、化工和食品工业领域。特别是在环保领域,活性炭具有发达的孔隙结构、高比表面积和丰富的表面官能团等特点,被广泛作为高效的吸附材料应用于污水处理。活性炭不仅可以用于污水中有机污染物的去除,还可以有效地吸附污水中的重金属离子(铜、铅、镉、锌、汞、银等)。活性炭作为吸附剂去除污水中的重金属离子,不仅吸附性能较强,稳定性较高,而且不会对水体产生二次污染;此外,还可以对活性炭再生,实现循环利用。

三、实验仪器与试剂

1. 仪器

坩埚,管式炉,标准筛,鼓风干燥箱,小型粉碎机,电子天平,紫外可见分光光度计,元素分析仪,比表面积和孔径测定仪,高分辨场发射扫描电镜,X 射线粉末衍射仪,傅里叶红外光谱仪。

2. 试剂

花生壳，$Cu(NO_3)_2 \cdot 3H_2O$，去离子水，KOH，HNO_3 溶液（0.1 mol/L），NaOH 溶液（0.01 mol/L），HCl 溶液（0.5 mol/L）。

四、实验步骤

1. 活性炭的制备

将花生壳在 105 ℃烘干 24 h，用粉碎机破碎，经标准筛网筛分至 80～100 目备用。取 20 g 干燥筛分后的花生壳粉末放置于坩埚中，将坩埚放入管式炉，在 N_2 气氛下（N_2 流量为 60 mL/min），以 5 ℃/min 程序升温至不同炭化温度（500 ℃、600 ℃和 700 ℃）进行炭化，炭化时间为 2 h，然后冷却至室温取出。

称取一定量的炭化后的产物，将氢氧化钾与炭化产物按不同的质量比混合（1∶1，2∶1 和 3∶1），将混合物混合均匀后放置于管式炉中，在 N_2 气氛下（N_2 流量为 100 mL/min），以 10 ℃/min 程序升温至不同活化温度（600 ℃、700 ℃和 800 ℃）进行活化，活化时间 1 h，然后冷却至室温取出。

对活化后的产物使用 0.5 mol/L HCl 和去离子水洗涤至中性，最后在 110 ℃下烘干得到活性炭产物。

2. 样品表征

采用元素分析仪（Elementar vario MICRO，Germany）对活性炭元素组成进行表征，采用比表面积和孔径测定仪（Micromeritics，ASAP 2020，USA）对活性炭样品的比表面积、孔径和孔容等进行测试；用高分辨场发射扫描电镜（SEM，ZEISS Merlin Compact，Germany）对活性炭的微观形貌进行观察；用 X 射线粉末衍射（Rigaku Ultima Ⅳ X-ray diffractometer，Japan）对样品的物相进行分析；使用傅里叶红外光谱仪（Nicolet iS10 spectrometer，USA）分析活性炭表面的官能团。

3. 样品的吸附性能测试

称取一定量的 $Cu(NO_3)_2 \cdot 3H_2O$ 溶于去离子水中，配制 Cu^{2+} 质量浓度为 250 mg/L（或 100 mg/L、150 mg/L、200 mg/L）的模拟废水。量取 50 mL 的模拟废水，称取 3 g（或 1 g、5 g、7 g）的活性炭放入模拟废水中，调整溶液的 pH 为 3（或 pH 为 5、8、10），并在恒温水浴振荡器中振荡吸附 2 h（或 4 h、6 h）。

之后过滤溶液,并采用紫外分光光度计在 450 nm 波长下测定 Cu^{2+} 离子浓度。在此基础上,根据公式(3-3)和公式(3-4)分别计算吸附平衡时活性炭的吸附效率和吸附容量。在上述实验过程中,可以调整活性炭的用量、初始离子浓度、吸附时间和 pH 等对活性炭吸附性能的影响。

$$\sigma = \frac{C_0 - C_e}{C_0} \times 100\% \tag{3-3}$$

$$Q_e = \frac{(C_0 - C_e)V}{M} \tag{3-4}$$

式中:C_0 为吸附质溶液初始浓度,mg/L;C_e 为吸附平衡时吸附质溶液浓度,mg/L;V 为吸附质溶液体积,L;M 为吸附剂质量,g。

五、思考与讨论

1. 如何进行活性炭的微观形貌和结构表征?

2. 分析吸附剂用量、吸附时间、初始溶液浓度和 pH 对吸附性能的影响。

3. 查阅文献,调研活性炭的改性方法有哪些?

六、展望

活性炭是一种优异的多孔吸附材料,被广泛应用于环保领域,包括废气净化和污水处理。实践证明,生物质活性炭可以高效地吸附各种重金属离子,有效地改善和净化污水水质。目前,生物质活性炭的制备技术还不是很成熟,尚未实现大规模应用。未来,利用生物质原料制备活性炭,并对其制备方法和活化机理进行研究,对促进活性炭的高效利用和拓展其应用领域有重要的现实意义。

参考文献

[1] 李苗,李维宁,陈坤,等.聚氨酯基活性炭制备及吸附电镀废水中重金属离子研究[J].应用化工,2021,50(1):134-138.

[2] 张悦悦.南疆棉秆分段制备活性炭工艺及对 Cu^{2+} 吸附性研究[D].塔里木大学,2018.

[3] 朱亮虹.KOH 活化活性炭及其吸附芳香性有机物的规律与机制[D].浙江大学,2017.

[4] 于佳民.改性芦苇活性炭对水中抗生素和重金属的吸附研究[D].山东大学,2019.

[5] 张莉.甘蔗渣活性炭的制备及其 CO_2 吸附性能研究[D].武汉科技大学,2019.

[6] 徐茹婷,卢辛成,许伟,等.磷酸法玉米秸秆基活性炭的制备及其表征[J].生物质化学工程,2022,56(1):1-6.

[7] 王子然.芦苇基活性炭的制备及其对重金属吸附的研究[D].河北大学,2020.

[8] 柳佳祺,马子益,王俊海,等.油菜杆活性炭的制备及其吸附性能研究[J].2021,48(20):19-26.

[9] 尉士俊.玉米秸秆基活性炭的制备及甲醛吸附应用研究[D].山东建筑大学,2016.

[10] 高艳,马明硕,刘治刚.芝麻壳活性炭的制备及热力学特性研究[J].化工技术与开发,2019,48(8):24-30.

[11] 杨丽娟.生物质活性炭的制备及应用发展研究[J].黑龙江科学.2018,9(18):1-2.

实验 14　壳聚糖/ZnO 纳米复合物的制备及其对亚甲基蓝的吸附

一、实验目的

1. 掌握生物大分子/金属氧化物纳米复合物的制备原理和技术。
2. 掌握生物大分子/金属氧化物纳米复合物的纯化技术。
3. 掌握吸光度法确定吸附体系中亚甲基蓝含量的方法和技术。
4. 掌握亚甲基蓝吸附量的计算。
5. 能够熟练绘制吸附等温线。
6. 能够根据吸附等温线判定吸附类型。

二、实验原理

　　人类社会的高度发展所带来的污染日益严重,各种工业废水严重威胁人类的生存,环保高效地处理废水迫在眉睫。染料废水是指棉、毛、化纤等纺织产品在染色、印花过程中所排放的废水,具有水量大、有机污染物含量高、难降解等特点,如果直接排放会对环境造成巨大污染、破坏水体系统。当前,多用吸附法处理有色染料废水以达到初步净化的目的。常用的吸附剂有活性炭吸附剂、天然矿物吸附剂、固体废弃物吸附剂、树脂吸附剂及生物基吸附剂等。其中,来源于天然生物质材料的生物基吸附剂以其绿色、环保、低成本、可再生、可生物降解、生物相容性好等显著优势在吸附领域表现出十分广阔的应用前景。

　　壳聚糖为天然多糖甲壳素脱除部分乙酰基的产物,价格低廉、无毒性,已广泛应用于高性能吸附剂的研究。壳聚糖分子的基本单元是带有氨基的葡萄糖,其分子内同时含有氨基、乙酰氨基和羟基,故性质比较活泼,可进行修饰、活化和偶联。壳聚糖分子结构式如图 3-2 所示。

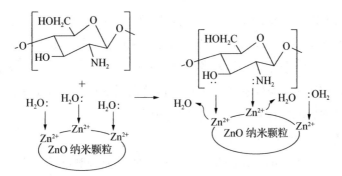

图 3-2　壳聚糖的分子结构图

　　纳米材料具有大的比表面积,处于表面的原子数较多,表面原子的晶场环境和结合能与内部原子不同。表面原子周围缺少相邻的原子,有许多悬空键,具有不饱和性质,易与其他原子相结合而稳定,故具有很大的化学活性。ZnO纳米颗粒具有生物相容性好、价格低廉的优点,已被广泛应用于各种传感器,如温度、气体、光、湿度等传感器及光电催化领域。ZnO纳米颗粒的表面锌阳离子配位不饱和,表现为路易斯酸,具有很大的化学活性,因此可用于壳聚糖的修饰。当其暴露于水中,水分子被化学吸附于表面锌阳离子。而ZnO纳米颗粒与壳聚糖的表面络合反应是取代过程,其中壳聚糖的活性基团取代水分子。壳聚糖在其主链上具有活性的氨基和羟基,可像路易斯碱一样与金属离子形成配位键。如图3-3所示,壳聚糖和ZnO纳米颗粒表面之间的配位通过壳聚糖的活性官能团取代水分子与表面锌阳离子配位。

图 3-3　壳聚糖与 ZnO 纳米颗粒的配位反应示意图

三、实验仪器与试剂

1. 仪器与材料

500 W 超声波清洗机,紫外可见分光光度计,傅里叶变换红外光谱仪,冷冻干燥机,离心机,恒温摇床,移液枪(5 mL),电子天平,pH 计,称量纸,药匙,量筒(100 mL,每组 1 个),容量瓶(1 000 mL,共 9 个),烧杯(250 mL,每组 3 个),一次性滴管(5 mL,20 个/组),吸水纸,保鲜膜,剪刀,大号自封袋(2 个/组),小号自封袋(2 个/组),标签纸(20 个/组),离心管(50 mL,每组 25 个)。

2. 试剂

低分子量壳聚糖(来源于蟹壳,脱乙酰度 85%,1 000 g),冰醋酸(共用一瓶,配专用滴管 3 个),去离子水(约 500 mL/组),纳米 ZnO(20 ~ 40 nm,500 g),亚甲基蓝 10 g,磷酸钾盐缓冲液(0.01 mol/L,pH＝9.0,9 000 mL)。

四、实验步骤

1. 纳米复合物的制备

(1) 将 1.0 g ZnO 纳米颗粒分散于 100 mL 蒸馏水中(溶液 1)。

(2) 将 1.0 g 壳聚糖溶解于 100 mL 1%(体积比)的醋酸溶液中(溶液 2),如果不能充分溶解,可加热至 60 ℃助溶。

(3) 将溶液 1 和溶液 2 混合置于 250 mL 烧杯中,用保鲜膜将烧杯口封好。

(4) 装有混合溶液的烧杯放于 500 W 超声波清洗机中,超声复合 20 min。

(5) 超声后的复合液静置 10 min 后去掉上层清液至剩余复合液小于 100 mL。将剩余复合液均匀移至 50 mL 离心管中,8 000 r/min 离心 10 min,所得固体用少量蒸馏水再次超声分散后 8 000 r/min 离心。

(6) 洗涤后的固体复合物冷冻干燥备用。

2. 亚甲基蓝溶液的配置

用 0.01 mol/L pH＝9.0 的磷酸钾盐缓冲液为溶剂准确配置浓度分别为 5 mg/L、10 mg/L、20 mg/L、30 mg/L、40 mg/L、50 mg/L、60 mg/L、70 mg/L、80 mg/L 的亚甲基蓝溶液各 1 000 mL。

3. 亚甲基蓝的吸附

（1）准确吸取上述配置好的亚甲基蓝溶液各 20 mL 分别置于 9 个 50 mL 离心管中（注意：离心管请编号，每个编号对应一个亚甲基蓝浓度）。

（2）分别准确称取 120 mg 壳聚糖/ZnO 纳米复合物粉末（干燥后的产品）加入含 20 mL 亚甲基蓝溶液的离心管中。

（3）吸附溶液超声 2 min 后置于 25 ℃ 恒温摇床上（120 r/min）吸附 180 min。

（4）吸附溶液静置 2 min 后，移取上层溶液于另一干净的 50 mL 离心管，8 000 r/min 离心 10 min 以去除溶液中的固体颗粒，得到准确的实验结果（注意：离心后小心操作，不要将沉淀的固体重新分散于上清液中，上清液是用于吸光度测量进行定量计算的）。

4. 样品表征

（1）分别测定壳聚糖/ZnO 纳米复合物、壳聚糖和 ZnO 纳米颗粒的傅里叶变换红外光谱（FT-IR）。

（2）分别测定壳聚糖/ZnO 纳米复合物、吸附了亚甲基蓝的复合物、亚甲基蓝、壳聚糖和 ZnO 纳米颗粒的水相分散液的紫外-可见吸收光谱。

（3）用紫外可见分光光度计准确测量 9 个浓度的亚甲基蓝溶液吸附前后的吸光度（吸附后为 A，吸附前为 A_0）。吸收波长置于 664 nm。

五、数据记录与处理

（1）用 origin 软件做出壳聚糖/ZnO 纳米复合物、壳聚糖和 ZnO 纳米颗粒的 FT-IR 光谱。

（2）用 origin 软件做出壳聚糖/ZnO 纳米复合物、吸附了亚甲基蓝的复合物、亚甲基蓝、壳聚糖和 ZnO 纳米颗粒的紫外-可见吸收光谱。

（3）根据亚甲基蓝溶液吸附前后的吸光度值计算出吸附后的亚甲基蓝溶液的浓度。

$$\frac{C_0}{C} = \frac{A_0}{A} \qquad (3-5)$$

式中：C_0 为亚甲基蓝溶液的原始浓度，mg/L；A_0 为原始亚甲基蓝溶液的吸光度值；C 为亚甲基蓝溶液吸附后的浓度，mg/L；A 为亚甲基蓝溶液吸附后的吸光度值。

(4) 根据加入的吸附剂量和被吸附的亚甲基蓝的量计算每个浓度下的吸附量(单位：mg 亚甲基蓝/g 吸附剂，吸附剂为壳聚糖/ZnO 纳米复合物)。

$$q = \frac{(C_0 - C) \times 20 \times 10^{-3}}{m} \qquad (3-6)$$

式中：q 为吸附量，mg 亚甲基蓝/g 吸附剂；m 为壳聚糖/ZnO 纳米复合物的准确加入量，g。

(5) 以亚甲基蓝溶液吸附后浓度(C)为横坐标，吸附量为纵坐标，做出 q-C 吸附等温线，q 为纵坐标，C 为横坐标。如吸附等温线具有平台区，则平台区对应的吸附量为饱和吸附量 q_{max}。此外做 C/q-C、$\ln q$-$\ln C$、q-$\ln C$ 三条关系线，并进行线性拟合。

六、思考与讨论

(1) 根据 FT-IR 光谱，分析复合前后光谱的变化，看红外特征峰的变化是否支持前面的反应原理。

(2) 根据紫外-可见吸收光谱，分析复合前后及吸附前后光谱的变化，根据吸收特征峰的变化探讨亚甲基蓝的吸附原理(提示：是化学吸附还是物理吸附，还是两者都有？)。

(3) 根据吸附等温线及三条关系线，分析亚甲基蓝在复合物上的吸附是何种类型(提示：是朗缪尔吸附还是乔姆金吸附，还是其他类型吸附？)。

七、展望

生物基吸附剂作为一种绿色、环保、可持续的新型吸附材料，在重金属离子、染料的吸附分离中表现出很大的应用潜力，有望逐步取代传统的吸附材料。近年来，基于生物基吸附材料的研究虽然取得较大进展，但仍存在以下不足：(1) 制备的生物基吸附剂主要为凝胶、颗粒、膜等形式，机械强度较差，与工业化应用的需求还有一定差距;(2)目前生物基吸附剂的应用仅限于理想条件下的实验室规模,对于大规模工业废水处理时的成本和可行性缺乏探索;(3)大部分的生物基吸附剂不具备复合吸附的性能,仅能吸附一种或几种特定的污染物,难以预测其在工业应用中对污染物的实际吸附能力;(4)影响生物基吸附剂吸附性能因素作用及吸附机理的研究不够深入。因此,进一步探究新型生物基吸附剂及其制备和改性方法、拓展生物基吸附剂的应用领域、满足生物基吸附剂的工业应用仍是今后需要解决的问题。基于生物质材料组装超分子聚合物,综合氢键理论和超分子化学理论,构筑智能化高值化的生物基吸附剂是生物质功能化应用研究的发展趋势;进一步研究生物基吸附剂对各种物质的吸附平衡、吸附控制及吸附机理,开发低成本、高效、经济、再生性好、实用性强的生物基吸附剂是研究的重点和发展方向。

参考文献

[1] MOSTAFA M H, ELSAWY M A, DARWISH M S A, et al. Microwave-assisted preparation of Chitosan/ZnO nanocomposite and its application in dye removal[J]. Materials Chemistry and Physics, 2020, 248, 122914.

[2] DOLATKHAH A, WILSON L D. Magnetite/polymer brush nanocomposites with switchable uptake behavior toward methylene blue [J]. ACS Applied Materials and Interfaces, 2016, 8(8): 5595 - 5607.

[3] SARKAR N, SAHOO G, DAS R, et al. Three-dimensional rice straw-structured magnetic nanoclay-decorated tripolymeric nanohydrogels as superadsorbent of dye pollutants [J]. ACS Applied Nano Materials, 2018, 1: 1188 - 1203.

[4] SINGH N, RIYAJUDDIN S K, GHOSH K, et al. Chitosan-graphene oxide hydrogels with embedded magnetic iron oxide nanoparticles for dye removal[J]. ACS Applied Nano Materials, 2019, 2(11): 7379 - 7392.

[5] RASOOL K, NASRALLAH G K, YOUNES N, et al. "Green" ZnO-interlinked chitosan nanoparticles for the efficient inhibition of sulfate-reducing bacteria in inject seawater[J]. ACS Sustainable Chemistry and Engineering, 2018, 6(3): 3896 - 3906.

[6] HUANG T, SHAO Y W, ZHANG Q, et al. Chitosan-cross-linked graphene oxide/carboxymethyl cellulose aerogel globules with high structure stability in liquid and

extremely high adsorption ability[J]. ACS Sustainable Chemistry and Engineering，2019，7 (9)：8775 - 8788.

[7] GAUTAM D, HOODA S. Magnetic graphene oxide/chitin nanocomposites for efficient adsorption of methylene blue and crystal violet from aqueous solutions[J]. Journal of Chemical and Engineering Data，2020，65(8)：4052 - 4062.

[8] 谢琼华,陈启杰,梁春艳,等.生物基吸附剂的研究现状与进展[J].中国造纸学报, 2022,37(1):124 - 132.

实验 15　纳米二氧化锰的制备及臭氧催化氧化脱色研究

一、实验目的

1. 掌握臭氧浓度的测定方法。

2. 测定亚甲基蓝臭氧脱色的效果。

3. 考察溶液 pH、臭氧浓度和催化剂对脱色效果的影响。

4. 掌握臭氧发生器的操作方法。

5. 掌握二氧化锰催化臭氧降解废水的实验方法。

二、实验原理

锰元素资源丰富,在地壳中的丰度仅次于铁,价格低廉且无毒。锰是常见的变价金属,自然界中的锰主要以 +2、+3、+4 价存在,并且在一种矿物相中可以有多种价态的锰元素存在。目前,自然界中已经发现 50 余种二氧化锰或氢氧化物矿床。锰的主要矿石是软锰矿,此外还有黑锰矿、水锰矿以及褐锰矿等。

二氧化锰已在催化、电化学、吸附和磁学等方面显示了许多特殊的物理和化学性质,因而常被用作分子筛、催化材料、锂离子二次电池的正极材料和新型磁性材料等。二氧化锰是一种锰氧八面体氧化物,锰氧八面体之间通过共棱或共角的方式形成隧道状或层状二氧化锰结晶化合物。具有不同孔道结构的二氧化锰结晶化合物可细分为两种类型:隧道状态结构和层状结构。二氧化锰结晶化合物中锰的价态以 +4 价为主,同时还可能存在少量的 Mn(Ⅲ) 和 Mn(Ⅱ)。正是由于二氧化锰结晶化合物结构中 Mn(Ⅲ) 和 Mn(Ⅲ/Ⅱ) 之间的相互转化趋势及晶体结构内部缺陷的存在导致了二氧化锰结晶化合物构型的多样性。纳米二氧化锰结构可形成一维 m×n 孔道结构、二维(2D)层状结构和无定型结构。同时,二氧化锰结晶化合物孔道尺寸和形状、晶格缺陷以及晶体粒度大小的差异,导致了不同结晶态二氧化锰的物理和化学性质上的差异,使得其在电容电极、吸附及催化等领域被广泛应用。

锰氧化物制备的前驱体包括高锰酸钾、硝酸锰、碳酸锰、氯化锰和硫酸锰等,其制备方法包括水热法、化学共沉淀法、模板合成法、溶胶凝胶法和焙烧法。在制备过程中可通过控制前驱体之间的比例、反应温度和合成时间等因素来控制锰氧化物的形貌(棒状、片状、颗粒状等)、比表面积、晶型和价态等。锰氧化物因其性质优良、容易控制形貌和制备简单等优点常被用于非均相反应中,同时它可以通过结合其他金属元素进一步促进氧化物的电子转移速率。此外,锰氧化物由于具有较高活性、耐酸性和热稳定性而被广泛应用于各种挥发性有机物的催化氧化。

臭氧是一种强氧化剂,氧化能力仅次于氟、•OH 和 O(原子氧),是单质氯氧化能力的 1.52 倍,其在污水处理中被广泛应用于脱色、消毒、杀菌和有机污染物降解等。臭氧氧化法主要通过直接反应和间接反应两种途径实现对有机物的降解。

直接反应是指臭氧分子直接与有机污染物发生反应,这种方式具有较强的选择性。臭氧分子攻击富含电子的官能团如双键、胺类、不饱和脂肪烃和芳香烃类化合物等,有亲电取代和偶极加成两种反应方式。

间接反应是指臭氧分解产生 •OH,通过 •OH 与有机物进行氧化反应,这种方式不具有选择性。水体中的臭氧生成 •OH 可以通过以下途径:碱催化、紫外光催化和金属离子催化等。此外,溶液的 pH 对臭氧的反应速率常数有着重要的影响。

本实验通过制备纳米二氧化锰,考察二氧化锰催化臭氧氧化脱色实验。

三、实验仪器与试剂

1. 仪器

臭氧发生器,三口瓶,碱式滴定管,量筒,锥形瓶,pH 试纸,分光光度计,烧杯,烘箱,磁力搅拌器,扫描电子显微镜,粉末 XRD 衍射仪,傅里叶红外光谱仪。

2. 试剂

KI溶液(2%),醋酸,Na$_2$S$_2$O$_3$溶液(0.005 mol/L),淀粉溶液(1%),蒸馏水,亚甲基蓝溶液(10 mg/L),硫酸锰,过硫酸铵,硫酸铵,高锰酸钾,盐酸(0.01 mol/L),氢氧化钠。

四、实验步骤

1. 纳米MnO$_2$的合成

方法1:将1.35 g的MnSO$_4$·H$_2$O和1.83 g的(NH$_4$)$_2$S$_2$O$_8$(摩尔比1:1)溶解在40 mL去离子水中,加入2.64 g(0.02 mol)的(NH$_4$)$_2$SO$_4$形成混合溶液,然后将混合溶液转移到反应釜中并在140 ℃下反应12 h。结束后,得到的材料用去离子水洗涤数次,并在110 ℃下烘干。

方法2:将MnSO$_4$·H$_2$O和KMnO$_4$按摩尔比1:1溶解于去离子水中,然后将混合溶液转移到反应釜中并在140 ℃下反应3 h,得到的材料用去离子水洗涤,100 ℃下干燥,然后于马弗炉350 ℃煅烧2 h。

2. 催化剂的表征

(1) 扫描电子显微镜(SEM)表征

分析采用扫描电子显微镜Hitachi H-800。

(2) 催化剂X射线衍射(XRD)分析

采用粉末XRD衍射仪(Rigaku D/max-RA),对制备催化剂的晶格结构进行表征分析,操作条件为40 kV,40 mA,扫描范围为10~70。

(3) 催化剂傅里叶红外光谱(FT-IR)分析

采用Nicolet Nexus 470傅里叶红外光谱仪对各催化剂进行表征分析,在表征前对催化剂进行预处理及12 h的烘箱烘干,扫描的波长范围为400~4 000 cm^{-1}。

3. 臭氧浓度测定

准确移取250 mL的2%的KI溶液加入三口瓶,打开臭氧发生器,空气量调节为1 L/min,通气60 s,取100 mL反应液于锥形瓶中,用醋酸调节pH=4,用0.005 mol/L的Na$_2$S$_2$O$_3$滴定至淡黄色,加入1%的淀粉溶液,记录消耗

$Na_2S_2O_3$ 的体积 V_1,反应过程如下:

$$O_3 + 2KI + H_2O \Longrightarrow O_2 + I_2 + 2KOH$$

$$I_2 + 2Na_2S_2O_3 \Longrightarrow Na_2S_4O_6 + 2NaI$$

按式(3-7)计算臭氧的浓度 c_{O_3}(mol/s):

$$c_{O_3} = \frac{\dfrac{0.005 \times V_1}{2} \times 2.5}{90} \qquad (3-7)$$

4. 臭氧氧化法脱色效率的测定

(1) 臭氧浓度对亚甲基蓝去除效果的影响

采用 250 mL 三口瓶作为反应器,取 2 个三口瓶,分别加入 250 mL 浓度为 10 mg/L 的亚甲基蓝溶液,打开磁力搅拌器,转速调节为 300 r/min,连接臭氧发生器,调节空气量分别为 1 L/min 和 2 L/min,通气 2 min。用 $Na_2S_2O_3$ 淬灭后,用分光光度计测定其吸光度。尾气采用 20% 的 KI 溶液吸收,反应均在室温下进行,通过式(3-8)计算亚甲基蓝的脱色效率:

$$\theta = (C_1 - C_0)/C_0 \times 100\% \qquad (3-8)$$

式中:θ 为脱色效率,%;C_1 为反应结束时亚甲基蓝的浓度;C_0 为亚甲基蓝的初始浓度。

(2) 溶液初始 pH 对活性艳蓝 KN-R 去除效果的影响

采用 250 mL 三口瓶作为反应器,取 2 个三口瓶,分别加入 250 mL 浓度为 10 mg/L 的亚甲基蓝溶液,打开磁力搅拌器,转速调节为 300 r/min,使用 0.1 mol/L 的 HCl 或 NaOH 调节 pH 为 3 和 10,随后投加一定质量催化剂,调节臭氧发生浓度为 5 mg/L,控制臭氧进气流量为 0.5 L/min。调节空气量为 1 L/min,通气 2 min。用 $Na_2S_2O_3$ 淬灭后,分光光度计测定其吸光度。尾气采用 20% 的 KI 溶液吸收,反应均在室温下进行,计算亚甲基蓝的脱色效率。

(3) 催化剂投加量对活性艳蓝 KN-R 去除效果的影响

采用 250 mL 三口瓶作为反应器,取 2 个三口瓶,分别加入 250 mL 浓度为 10 mg/L 的亚甲基蓝溶液,打开磁力搅拌器,转速调节为 300 r/min,随后分别投加 10 mg 和 40 mg 的纳米二氧化锰。调节空气量为 1 L/min，通气 2 min。用 $Na_2S_2O_3$ 淬灭后，分光光度计测定其吸光度，并用 0.45 μm 的滤膜进行过滤。尾气采用 20% 的 KI 溶液吸收，反应均在室温下进行，计算亚甲基蓝的脱色效率。

五、思考与讨论

1. 通过纳米二氧化锰的结构表征能得到什么结论？
2. 实验过程中是否会有臭氧溢出，如何计算其溢出量？
3. 溶液 pH 是否会对亚甲基蓝溶液的测定造成影响？
4. 通过以上实验结果，可得到什么结论？

六、展望

单纯臭氧对高稳定和难降解有机污染物的氧化能力有限，通过催化氧化可以有效地提高臭氧的利用率。紫外线、碱和金属离子均能促进臭氧氧化，但上述催化过程受到经济条件、水体色度以及二次污染等因素的制约。因此，非均相的臭氧催化氧化备受关注，常用的非均相催化剂包含金属氧化物、碳基材料、金属氧化物负载型材料。

参考文献

[1] ZHAO J P, NANJO T, DE LUCCA E C, et al. Chemoselective methylene oxidation in aromatic molecules[J]. Nature Chemistry, 2019, 11 (3)：213 - 221.

[2] LEE W J, BAO Y P, HU X, et al. Hybrid catalytic ozonation - membrane filtration process with CeO_x and MnO_x impregnated catalytic ceramic membranes for micropollutants degradation[J]. Chemical Engineering Journal, 2019, 378(2)：2 - 12.

[3] LIU P, HE H, WEI G, et al. Effect of Mn substitution on the promoted formaldehyde oxidation over spinel ferrite: catalyst characterization, performance and reaction mechanism[J]. Applied Catalysis B: Environmental, 2016, 182：476—484.

[4] DU X, LI C, ZHAO L, et al. Promotional removal of HCHO from simulated flue gas over Mn-Fe oxides modified activated coke[J]. Applied Catalysis B: Environmental, 2018, 232：

37—48.

[5] WU J, LUO D, QUAN X J. Review on the preparation and application of ozonation catalysts[J]. Chemical Industry and Engineering Progress, 2017, 36(3): 944-950.

[6] XU X J, YANG Y, JIA Y F, et al. Heterogeneous catalytic degradation of 2, 4-dinitrotoluene by the combined persulfate and hydrogen peroxide activated by the as-synthesized Fe-Mn binary oxides[J]. Chemical Engineering Journal, 2019, 374: 776-786.

[7] LIU P, HE H P, WEI G L, et al. Effect of Mn substitution on the promoted formaldehyde oxidation over spinel ferrite: catalyst characterization, performance and reaction mechanism[J]. Applied Catalysis B: Environmental, 2016, 182(31): 476-484.

[8] DU X Y, LI C T, ZHAO L K, et al. Promotional removal of HCHO from simulated flue gas over Mn-Fe oxides modified activated coke[J]. Applied Catalysis B: Environmental, 2018, 232: 37-48.

实验 16 ZnO@CeO₂ 纳米复合材料的制备及光催化降解性能的研究

一、实验目的

1. 掌握 $ZnO@CeO_2$ 纳米复合材料的合成及物性表征。
2. 掌握 $ZnO@CeO_2$ 纳米复合催化剂的光降解性能的测试方法。
3. 了解光催化降解有机物的基本原理。
4. 掌握 $ZnO@CeO_2$ 纳米复合材料在光催化反应领域的应用。
5. 了解光催化剂的最新研究成果。

二、实验背景

随着全球工业化进程的加速,环境污染问题日益严重,人类正面临着严峻的生存挑战,如废水中的有机化合物吸收太阳光,减少了光的透过率,消耗了水中的氧,导致水生生物缺氧致死。因此,环境治理已受到世界各国的广泛重视,政府在环境治理方面投入了巨大的人力、物力和财力,对环境净化材料和环境净化技术的研究和产业化提供支持,其中,光催化材料和光催化技术占有重要的地位。

光催化剂具有活性高、稳定性好,可以有效地利用绿色、环保、持续的太阳光将废水中的有机染料无选择地进行氧化,不产生二次污染,对人体无害,价格便宜等诸多优点。到目前为止,许多光催化剂已经被开发用于光催化降解污染物和产生清洁的氢基能源,如金属基的催化剂、金属氧化物半导体催化剂、二维材料催化剂、有机半导体催化剂以及金属硫化物催化剂。

以半导体催化剂为例,图 3-4 给出了半导体光催化剂在光的作用下降解有机染料的机理示意图。光催化材料在光的辐照下,价带(VB)上的电子被激发到导带(CB)形成自由电子(e^-),而在价带上产生相应的空穴(h^+),这称为光生载流子。其中光生空穴与光催化材料表面的水反应,生成羟基自由基($\cdot OH$),而光生电子与光催化剂表面的氧反应,生成超氧自由基($\cdot O_2^-$)。羟基自由基和超氧自由基具有较强的氧化还原电位,可将挥发性有机物氧化分解成无害的 CO_2 和 H_2O,达到降解有机污染物的目的。光催化剂在光照下能一直持续释放上述两种自由基,对挥发性有机物进行氧化分解,而自己不发生变化,具有长期活性和重复利用性。降解过程发生的化学反应如下所示:

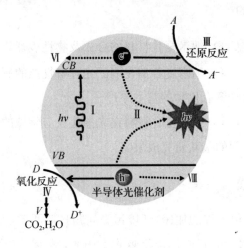

图 3 – 4 半导体光催化剂在光的作用下降解有机染料的机理示意图

$$ZnO + h\nu \longrightarrow h^+ + e^-$$

$$h^+ + H_2O \longrightarrow \cdot OH + H^+$$

$$h^+ + OH^- \longrightarrow \cdot OH$$

$$h^+ + \text{pollutant} \longrightarrow (\text{pollutant})^+$$

$$e^- + O_2 \longrightarrow \cdot O_2^-$$

$$\cdot O_2^2 + H^+ \longrightarrow \cdot OOH$$

$$2 \cdot OOH \longrightarrow O_2 + H_2O_2$$

$$H_2O_2 + \cdot O_2^- \longrightarrow \cdot OH + OH^- + O_2$$

$$H_2O_2 + h\nu \longrightarrow 2 \cdot OH$$

pollutant＋（·OH,h⁺,·OOH/·O₂⁻）——→degraded product

氧化锌(ZnO)是一类极其重要的Ⅱ-Ⅳ族n型直接带隙半导体材料,其室温下直接带隙宽度为3.2~3.4 eV,激子束缚能高达60 meV。ZnO具有三种晶体结构,如图3-5所示。其具有优异的电学特性,有望在光发射二极管、太阳能电池、透明电极、蓝/紫光发射器件、表面超声波器件、光催化等方面得到广泛的应用。作为光催化剂时,紫外光辐照ZnO材料表面的时候,会产生光生载流子,它会迁移到其表面并发生一系列的氧化还原反应,光生电子和光生空穴会与氧气和水发生反应生成超氧自由基和羟基自由基,具有强氧化性,并与染料相互作用,使其最终降解为水和二氧化碳等无害物质。

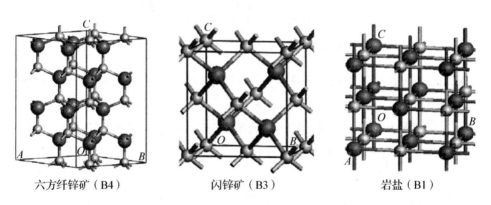

六方纤锌矿（B4） 闪锌矿（B3） 岩盐（B1）

图3-5 ZnO的三种晶体结构图(其中浅色小球代表Zn原子,深色大球代表O原子)

限制ZnO光催化剂降解效率的主要因素是光生载流子的复合率。因此,研究者通常会引入其他的元素对ZnO进行掺杂来抑制光生电子-空穴对的复合,进而提高ZnO在光催化领域中的性能。与元素掺杂相比,ZnO与其他半导体形成复合材料更能有效地抑制载流子的复合。这种复合金属氧化物具有较高的光吸收率,利用纳米颗粒的界面效应,能较好地抑制光生电子-空穴对的复合并增加电荷分离。图3-6为p-n异质结光催化剂在光辐照下光生载流子分离的示意图,复合金属氧化物的界面形成了内建电场,加速了载流子的分离。

在众多的半导体中,二氧化铈(CeO₂)具有特殊的半开放稳定萤石晶体结构,使其具有良好的储氧性能,具有超高的氧空穴浓度、氧迁移率以及稳定的

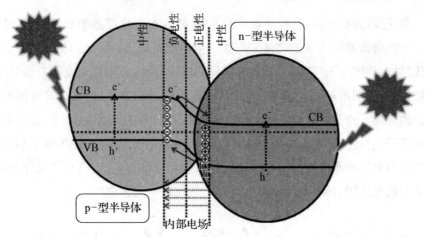

图3－6　p-n异质结型光催化剂在光的辐照下光生载流子的分离示意图

金属支撑等独特的物理、化学性能,且 Ce^{3+} 和 Ce^{4+} 间电极电动势较低,在传统的三相催化剂和燃料电池中具有重要的作用。以 ZnO 为基体材料,结合 CeO_2 的优异特性构筑 $ZnO@CeO_2$ 纳米复合材料可进一步提高其催化性能。当 ZnO 吸收光子产生光生载流子时, Ce^{4+} 可以轻松地捕获电子并转移到 CeO_2 吸收的氧气上,因此阻止了光生电子与空穴的复合率,会有更多的电子和空穴与水或氧气发生反应产生更多的超氧自由基和羟基自由基,提高光降解有机染料的效率。

目前制备纳米复合材料的方法多种多样,各有各的优点,最常见的方法有以下几种:

(1) 水热法:该合成方法是在一定的温度和压强条件下利用溶液中物质反应进行合成,所涉及的反应装置是水热反应釜,在一定的温度下反应釜中存在一个高温高压的环境。该方法的优点是:反应物反应性能的改变、活性的提高,有可能代替固相以及难于进行的合成反应,并产生一系列新的合成方法;中间态、介稳态以及特殊物相易于生成,能合成一系列特种介稳结构、特种凝聚态的新合成产物;能通过水热反应条件调控不同的纳米形貌。

(2) 溶胶-凝胶法:溶胶-凝胶是采用提拉或甩胶的方法将含锌的溶胶[主要是乙酸锌 $Zn(CH_3COO)_2$]溶于乙二醇甲醚和乙醇胺中,经充分搅拌而得到前驱体,置于 200 ℃～450 ℃下退火处理,即可得到所需的 ZnO 纳米材料。ZnO 材料的结晶质量取决于溶液中金属有机化合物的浓度,溶胶液的温度、黏度及环境温度等。

(3) 共沉淀法:将含有金属 Zn 和 Ce 的源放入去离子水中置于磁力搅拌器上搅拌均匀,再加入沉淀剂,混合均匀后,静置 24 h 后获得沉淀物,沉淀物经过离心后进行干燥,然后经高温退火得到纳米材料。

从以上三种基本的制备方法可以看出,溶胶-凝胶法和共沉淀法制备过程简单,所以该实验采用共沉淀法制备纳米复合材料。

为了衡量所制备的纳米复合材料的光降解性能,一般选择罗丹明 B 和亚甲基蓝作为目标染料。将一定量制备的光催化剂超声分散于目标染料中,为了让催化剂和染料的吸附、解附达到平衡,应置于黑暗的环境中搅拌 1 h,并抽取 2 mL 作为平衡时的反应物。随后,在可见光或紫外光的辐照下,每隔5 min 抽取 2 mL 的反应物去检测对应的有机染料的浓度。检测的方法是利用紫外吸收光谱去测量目标染料吸收峰的强度进行判断。

三、实验仪器与试剂

1. 仪器

磁力搅拌器,真空干燥箱,高速离心机,电子天平,超声波清洗机,高温烧结炉,电化学工作站,石墨棒电极,标准 Hg/HgO 参比电极,Pt 电极,光降解反应装置,X 射线衍射仪,透射电子显微镜,扫描电子显微镜,高分辨率透射电子显微镜,比表面积及孔隙度分析仪,紫外吸收光谱仪,烧杯。

2. 试剂

$Zn(NO_3)_2 \cdot 6H_2O$,甲醇溶液,$Ce(NO_3)_3 \cdot 6H_2O$,二甲基咪唑,无水乙醇,蒸馏水,Na_2SO_4 溶液,罗丹明 B,亚甲基蓝等。

四、实验步骤

1. ZnO@CeO₂ 纳米复合材料的合成

将 2.231 g $Zn(NO_3)_2 \cdot 6H_2O$ 溶解于装有 200 mL 甲醇的烧杯中,均匀溶解后加入 3.26 g $Ce(NO_3)_3 \cdot 6H_2O$,溶解后加入 2.586 g 的二甲基咪唑,磁力

搅拌 1 h,反应完全后,静置 24 h。上述反应溶液经离心后得到沉淀物。沉淀物再经过 450 ℃~650 ℃的高温退火处理 2 h,获得 $ZnO@CeO_2$ 纳米复合材料。

2. $ZnO@CeO_2$ 纳米复合材料的表征

采用 X 射线衍射仪确定样品的晶体结构;采用透射电子显微镜、扫描电子显微镜和高分辨率透射电子显微镜对样品形貌以及界面的微观结构进行分析,通过透射电子显微镜仪器上配置的 EDS 谱对样品进行元素分析;通过比表面积及孔隙度分析仪表征样品的比表面积和孔径的分布规律;通过紫外吸收光谱测量吸收率从而获得样品的禁带宽度。

3. $ZnO@CeO_2$ 纳米复合材料的光催化性能评价

选择罗丹明 B 作为光降解的目标有机染料。将制备的 50 mg 纳米复合材料超声分散于罗丹明 B 有机染料(10 mg/L)中,为了让催化剂和染料的吸附和解附达到平衡,在黑暗的环境中搅拌 1 h,并抽取 2 mL 反应物。随后,在可见光或紫外光的辐照下,每隔 5 min 抽取 2 mL 的反应物。降解前和降解后的浓度通过紫外-可见光吸收谱去检测,通过对比吸收谱中 RhB 的特征峰强度来判断降解前后的浓度。

五、思考与讨论

1. 如何进行 $ZnO@CeO_2$ 纳米复合材料的形貌、晶体结构及比表面积的表征?

2. 如何测试不同条件下制备的纳米材料的光催化降解性能并计算光降解效率?

3. 根据实验结果,查找文献,给出纳米复合材料的光降解机制。

六、展望

金属氧化物纳米复合材料作为催化剂巧妙地利用两种纳米颗粒的界面构建了异质结,异质结建立了内建电池,从而加速了载流子的分离,抑制了光生载流子的复合,提升了催化剂的光降解能力,对环境的保护具有重要意义和作用。未来我们可以致力于光催化降解机理的深入研究,通过优化现有材料来寻找高效、绿色的催化剂，并努力实现商业化用途。

参考文献

[1]陈云宁.基于多种改性技术协同作用的 TiO_2 复合光催化剂的制备及其降解有机污染物过程的深度剖析[D].长春：东北师范大学,2022.

[2]刘思乐,卜义夫,洪雯雯,等.ZnO/g-C_3N_4 复合光催化剂的制备及对罗丹明 B 的降解[J].印染,2023,49(3):53-57.

[3] CHEN T, LIU L Z, HU C, et al. Recent advances on Bi_2WO_6-based photocatalysts for environmental and energy applications[J]. Chinese Journal of Catalysis, 2021, 42(9): 1413-1438.

[4] GOKTAS S, GOKTAS A. A comparative study on recent progress in efficient ZnO based nanocomposite and heterojunction photocatalysts: A review[J]. Journal of Alloys and Compounds, 2021, 863(1), 158734.

[5] SANSENYA T, MASRI N, CHANKHANITTHA T, et al. Hydrothermal synthesis of ZnO photocatalyst for detoxification of anionic azo dyes and antibiotic[J]. Journal of Physics and Chemistry of Solid, 2022, 160, 110353.

[6] THANGARAJU C, LENUS A J. Structure, morphology and luminescence properties of sol-gel method synthesized pure and Ag-doped ZnO nanoparticles[J]. Materials Research Express, 2020, 7(1), 015011.

[7] AGHAEI M, SAJJADI S, KEIHAN A H. Sono-coprecipitation synthesis of ZnO/CuO nanophotocatalyst for removal of parathion from wastewater[J]. Environment Science and Pollution Research, 2020, 27(11): 11541-11553.

模块四
能源材料化学

　　化石燃料的日益消耗，不仅引起全球能源的短缺和供应紧张，而且造成人类生存或生态环境的严重破坏。为了应对当前的能源和环境危机，促进人类社会的可持续发展，迫切需要寻找绿色、清洁、可再生的能源体系来取代传统的化石燃料体系。

　　在未来能源应用体系中，燃料电池（图4-1）被认为是一种清洁、高效、极具发展前景的能源转化装置或设备。因为它可实现化学能到电能的直接转化，具有能量转化率高（不受卡诺循环限制）、对环境无污染、适用范围大等优点。目前已经研究或开发了多种类型的燃料电池，如碱性燃料电池、质子交换膜燃料电池、熔融碳酸盐燃料电池、直接甲醇燃料电池、直接乙醇燃料电池、直接甲酸燃料电池、固体氧化物燃料电

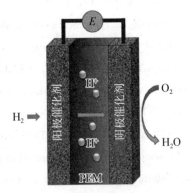

图4-1　燃料电池装置示意图

池、可再生氢氧燃料电池等。在这些燃料电池中，除了电解液和隔膜外，最重要的反应在阳极和阴极上进行：阳极反应主要涉及 H_2、CH_3OH、CH_3CH_2OH 等燃料的氧化反应；而阴极反应主要是 O_2 的还原反应。在已发展的众多燃料电池类型中，以 H_2 作为燃料的 $H_2 - O_2$ 燃料电池，因其结构简单、比能量高、无污染等优点，引起了人们的广泛关注。

　　超级电容器又称超大容量电容器、金电容、黄金电容、储能电容、法拉第电

容、电化学电容器,是一种靠极化电解液来储存电能的新型电化学装置。据介绍,与其他储能装置相比,超级电容器具有电阻小、寿命长、安全可靠、充电快速的特点,其比电容高、循环稳定性好,在未来能源发展中有潜在应用前景。如图4-2为商业化的超级电容器。

图4-2 商业化超级电容器

超级电容器自发展之始,其性能就要远超传统的电容器,超级电容器具有功率密度高、充放电速度快、循环寿命长和安全性高等优点,已经成为最具有前途的储能系统之一。得益于它诸多的优良特性,超级电容器已经在国家的航天工程以及如今发展得如火如荼的新能源汽车领域实现大范围的使用。不过,虽然它的优点很多,应用范围很广泛,但是较高的生产成本以及性能不够理想依然是当下超级电容器的问题所在。追求更为合适的材料进一步提高超级电容器的工作性能,降低原材料的成本和制备成品电极的技术要求以达到更大规模的商业化、生活化依然是现今超级电容器的发展方向。

本章节重点介绍了各种新能源体系、新能源材料以及评价新能源性能的重要指标,设置的三个实验项目内容综合联系化学、材料、能源等学科,表现为跨专业、跨学科综合知识的运用。实验包含新概念、新方法、新技术,与学科前沿紧密结合,反映了化学学科前沿和交叉领域的研究进展,同时体现了科研与教学相互促进的关系。通过本章节的训练旨在提高学生综合运用基础知识和基本技能的能力,调动学生的主观能动性,培养学生科研素质和创新能力。

应用化学综合实验

---------------------------------- 参考文献 ----------------------------------

[1] 刘洁,王菊香,邢志娜,等.燃料电池研究进展及发展探析[J].节能技术,2010,28(4):364-368.

[2] WANG H；ANG B W. Assessing the role of international trade in global CO_2 emissions：an index decomposition analysis approach[J]. Applied Energy, 2018, 218(15):146-158.

[3] DINCER I. Renewable energy and sustainable development：a crucial review[J]. Renewable and Sustainable Energy Reviews，2000，4(2)：157-175.

[4] ELLIOTT D. Renewable energy and sustainable futures[J]. Futures, 2000, 32(3-4)：261-274.

实验 17　Ru/NF 纳米材料的可控合成及电解水制氢研究

一、实验目的

1. 掌握 Ru/NF 纳米材料的可控合成及表征。
2. 掌握 Ru/NF 纳米材料析氢性能的测试方法。
3. 了解电催化分解水的基本原理。
4. 掌握 Ru/NF 纳米材料在析氢反应的应用。
5. 了解电分解水析氢催化剂的发展动向。

二、实验原理

1. 析氢反应简介

氢作为一种理想的清洁能源燃料,用于燃料电池等能源转换装置时不仅能量密度高,而且无碳排放,环境友好。在诸多产氢方法中,电解水制氢因具有绿色、高效等特点,受到人们的广泛关注。电解水制氢主要包含阴极析氢(hydrogen evolution reaction, HER)和阳极析氧(oxygen evolution reaction, OER)两个半反应。装置如图 4-3 所示,包括电源、电极和电解质三个部分,其中与电源正极相连的电极为阳极,与电源负极相连的电极为阴极,水在阴极发生还原反应生成氢气,在阳极发生氧化反应生成氧气。电解质分为酸性、中性、碱性。

析氢反应是电解水的阴极反应,是水还原析出氢气的反应,其反应式为:

$$H_3O^+ + e^- \longrightarrow 1/2H_2 + H_2O \text{(酸性条件)}$$

或

$$H_2O + e^- \longrightarrow 1/2H_2 + OH^- \text{(碱性、中性条件)}$$

图 4-3　简易电解水装置图

　　电催化析氢为单电子转移催化体系,反应产物选择性极高,被认为是最简单的一个电催化反应,常常作为研究更复杂的电催化反应动力学的基础。目前,Pt 族活性金属基材料仍然是催化 HER(Pt、Ir、Ru 等)/OER(Ir/Ru 氧化物等)效率最高的催化剂,但其成本高且稳定性差,严重影响了电解水制氢产业的发展。因此,如何提高 Pt 族活性金属原子的利用率及稳定性是电解水催化剂的核心科学问题。

　　2. Ru 基催化材料研究现状

　　钌(Ru)是一种常用的催化剂,其氢键能与 Pt 类似。更重要的是,Ru 的价格仅为 Pt 的四分之一,经济成本远低于 Pt,使得 Ru 基电催化剂成了有前景的析氢反应催化剂。近两年 Ru 基催化剂被认为是 Pt 基催化剂的理想替代品,成为许多科研工作者的研究热点。Ru 在 4d 金属中具有较高的表面能,能够降低氢解吸的障碍,且 Ru 与氢的结合强度与 Pt 基催化剂相似,Ru—H 键强度约为 271.96 kJ/mol,有利于水分解和 OH⁻ 的化学吸附,因此 Ru 在中性或碱性电解液中都具有优异的析氢反应催化活性。但贵金属的昂贵价格和稀有存储限制了它们在水分解中的大规模应用。因此,有必要对贵金属催化剂进行优化,以进一步提高催化性能,降低成本,甚至是使用合适的非贵金属代替贵金属催化剂。基于以上认识,本实验主要对 Ru 贵金属催化剂进行合理的设计、制备和优化,充分运用电催化剂中的载体和界面效应进一步提高 Ru 基电催化剂的催化性能和长期稳定性,同时致力制备出低 Ru 负载量的材料,提高 Ru 的原子利用率,降低催化成本。

　　3. 析氢反应机理研究

　　析氢反应(HER)是一个典型的双电子反应。在酸性电解液中,HER 反应的路径为:首先进行 Volmer 反应,水合氢离子放电得到吸附氢原子(H_{ads})。然后进行 Tafel 反应或电化学 Heyrovsky 反应,其中 Tafel 反应是两个吸附氢原子直接结合生成氢气的过程,而电化学 Heyrovsky 反应是溶液中的质子、电子和吸附氢原子反应生成氢气的过程。因此,析氢反应在酸性和碱性溶液中的机理有两种: Volmer-Tafel 机理和 Volmer-Heyrovsky 机理,如图 4-4 所示。析氢反应在碱性溶液中的机理与酸性溶液中的机理类似,只有生成 H_{ads} 的反应不同。

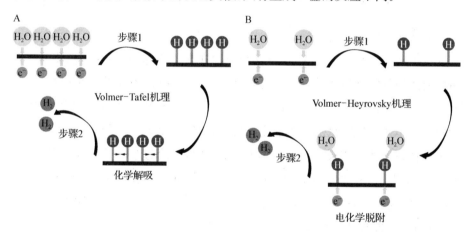

图 4-4　碱性电解质催化剂表面 HER 的两种机理:
(A) Volmer-Tafel 机理;(B) Volmer-Heyrovsky 机理

电化学析氢反应机理可以分为两个步骤:

　　(1)电化学吸附氢过程(Volmer 反应),氢原子吸附到催化剂暴露在表面的活性位点上,这一步的反应速度比较快:

$$H^+ + M^* + e^- \longrightarrow MH^* (酸性溶液)$$

$$H_2O + M^* + e^- \longrightarrow MH^* + OH^- (中性或碱性溶液)$$

$$b = 2.3RT/(\alpha F) \approx 120 \text{ mV/dec} \qquad\qquad (4-1)$$

式中:MH 表示吸附的氢原子;R 为理想气体常数;T 为绝对温度;α 为对

称系数,数值上等于 0.5;F 为法拉第常数;b 是 Tafel 斜率。

(2) 氢的解析过程是反应的决速步骤,这个过程的反应速度一般比较慢,根据反应机理的不同,可以分为两种反应过程:

① 电化学脱附过程(Heyrovsky 反应)

$$MH^* + H^+ + e^- \longrightarrow M^* + H_2(酸性溶液)$$

$$MH^* + H_2O + e^- \longrightarrow M^* + OH^- + H_2(中性或碱性溶液)$$

$$b = 2.3RT/[(1+\alpha)F] \approx 40 \text{ mV/dec} \tag{4-2}$$

② 化学脱附过程(Tafel 反应)

$$2MH^* \longrightarrow H_2 + 2M(酸性、碱性或中性溶液)$$

$$b = 2.3RT/(2F) \approx 30 \text{ mV/dec} \tag{4-3}$$

上述的 b 值大小可用于判断电极的析氢机理类型,反映动力学速度,通过对反应机理的判断与探究,找出催化剂的内在变化规律,对研究高催化活性及高稳定性的阴极材料有着指导作用。不过这三个过程到底哪个是决速步,目前尚存在着争议。可以看出,在析氢反应中,氢原子需经过两个过程:吸附步骤和脱附步骤。低效率的析氢催化电极材料,吸附氢原子的能力相对较弱,决速步为吸附步骤。相反,对高效的电催化材料,脱附过程为决速步。Tafel 斜率值是 HER 速率和机理的一个有价值的指标,可以通过将 Tafel 曲线拟合成 Tafel 方程($\eta = b\log j + a$,其中 b 是 Tafel 斜率,j 是电流密度)来确定。

4. HER 催化评价标准

(1) 过电位(η):理论上,水的热力学分解电压为 1.23 V,相当于在 25 ℃、101 325 Pa 下耗能 237.2 kJ/mol。然而,在实际测试过程中,电子复杂的传输过程使实际反应偏离理想反应模型,使得实际发生的水分解反应需要比 1.23 V 更大的电压。超过理论反应电压的额外电位称为过电位,是由活化能、电解质扩散阻力、离子和气体扩散、导线和电极电阻以及气泡电阻等造成的。为了方便比较,选择电流密度为 10 mA/cm^2 时的过电位,以此作为评价催化剂性能的标准。

(2) 塔菲尔斜率(Tafel slope):塔菲尔斜率是用来评价反应动力学快慢的重要参数,一般是通过 LSV 极化曲线计算得到,公式如下:

$$\eta = a + b\log j \tag{4-4}$$

式中:η 为过电位;a 为截距;b 为塔菲尔斜率;j 为电流密度。

根据实时测量到的电流密度,可以计算塔菲尔斜率的值,值越小,说明内部电荷转移越快,反应速率也越快,由此可以判断析氢反应的机理。塔菲尔斜率的值也可以帮助分析反应过程中的决速步骤,当 Volmer 反应是决速步时,塔菲尔斜率为 120 mV/dec;当 Heyrovsky 反应是决速步时,塔菲尔斜率为 40 mV/dec;当 Tafel 步是决速步时,塔菲尔斜率为 30 mV/dec。

(3) 交换电流密度(j_0):电极反应处于平衡态时,阴极和阳极的电流密度相等,对应的电流密度是该电极的交换电流密度。j_0 可根据过电位和塔菲尔斜率的计算公式,从 Tafel 图的外推线性部分与 x 轴的交点中读出。本质上,交换电流密度反映了电极与电解质之间电荷转移的内在活性,交换电流密度越大,电极反应所需外部推动力越小,反应也越容易发生,因此,比较交换电流密度的大小也是评价催化剂的一个重要标准。

(4) 双电层电容(C_{dl}):双电层电容是衡量电化学活性面积(electrochemical active surface area,ECSA)的参数,已知双电层电容与活性面积呈线性关系,计算公式如下:

$$a_{ECSA} = C_{dl}/C_s \qquad (4-5)$$

式中,a_{ECSA} 为电化学活性面积;C_s 是相同条件下对应的表面平滑样品的比电容。由此可知,C_{dl} 的值越大,活性面积也越大,暴露的活性位点也更多。

(5) 电化学阻抗(electrochemical impedance spectroscopy,EIS):电化学阻抗也是衡量反应动力学的一个标准,其值的大小可以直观地通过观察阻抗谱中半圆的直径来了解,直径越小,代表电荷转移电阻(R_{ct})值越小,内部的电荷转移速度越快,反应速率也越快。一般情况下,同一测试条件下,随着过电位的增加,R_{ct} 值随之减小。

(6) 稳定性:稳定性测试是评价催化剂的一个重要参数。一般采用三种方法测试催化剂的稳定性。一是循环伏安法(cyclic voltammetry,CV),通过不断增加圈数的 CV 扫描,比较前后的极化曲线是否能够重合,过电位是否增加;二是计时电流法(i-t),在固定的电压下长时间测量,观察电流密度是否有衰减;三是计时电位法(E-t),在固定电流下,测量电解过程中电极电位与时间

t 之间的关系。

5. 自支撑电极

非贵金属析氢催化剂一般情况下是导电性低的粉末。将催化剂固定在所选导电基材的表面,减弱了材料传导电流的能力。此外,部分催化活性位点会被封闭,扩散的气体产物被抑制,催化剂容易从集流器上掉落下来。因此,将催化剂在原位反应的作用下直接生长在导电基底的表面(一般为碳布/纸、钛网/箔/片、泡沫镍)等,能够优化上述弊端。对自支撑电极进行研究以来,已经开发了各种工艺和策略来将催化剂沉积或依附在金属基体上以形成自支撑催化剂。其中,化学气相沉积法、水热合成法和电沉积法是使用最多的三种方法。

(1) 化学气相沉积(chemical vapor deposition,CVD)是一种制备金属基自支撑电极的有效方法,它的操作简便而直接,尤其是在很多情况下有利于基体的原位硫化和硒化,这种原位的硫化和硒化使得催化相与基体之间有良好的结合,有利于催化稳定性的提高。图 4 - 5 为典型 CVD 方法的示意图。通常,将催化剂的原材料(前驱体、金属盐、金属氧化物等)装载到石英舟中,然后将石英舟放置在管式炉的上游加热区中心。之后,将预处理过的金属基体(通常经过蒸馏水洗涤或酸洗)放置在炉子的下游加热区域。在实验过程中,原材料在上游区域变成气态,并随气流一起流向下游区域。同时,原料蒸气与基体之间的反应在期望的温度下发生,催化剂产物会沉积在金属表面上。冷却至室温后,就获得了 M-金属基自支撑电极。

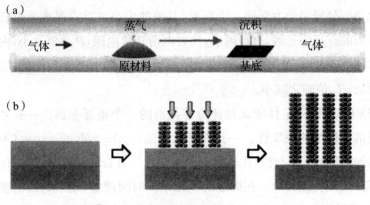

图 4 - 5　化学气相沉积法的示意图

（2）水热合成法（hydrothermal synthesis，HS）由于其低廉的成本和可控的性能而在许多领域引起了广泛的兴趣。将其应用于 M-金属基电极的制备，则很容易在金属表面获得具有高纯度和高结晶度的催化剂材料。同时，基体表面的活性物质可以被控制为各种良好的形貌和物相，继而有效地提升自支撑电极的催化活性。

　　HS 一般通过以下步骤进行：首先，将金属盐原料（通常为可溶性盐）溶解在去离子水中，剧烈搅拌后获得溶液。其次，将一块经过预处理的金属基体浸入溶液中，之后将混合物转移到不锈钢高压釜的聚四氟乙烯内衬中。最后，将系统置于设有一定温度下的干燥箱中，水热反应一定时间，冷却至室温后可以将内衬中的金属基体取出，即 M-金属基电极。如图 4-6 所示，金属基体的表面可以提供活性金属晶体的反应场所和成核位点。此外，水热合成还可以通过 S、Se 等阴离子与基体之间的直接反应实现原位硫化或硒化。

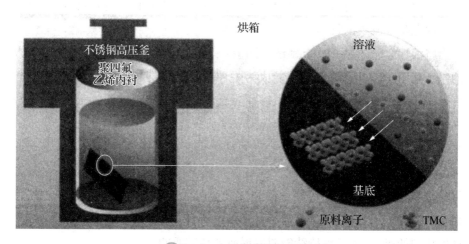

图 4-6　水热合成法示意图

　　通常，由于水热法是在溶液中进行的，因此很容易使可溶性盐的离子与金属基体发生反应。这证明了水热法适用于大规模制造多种金属基体支撑的催化电极。

　　（3）电化学沉积法（electrochemical deposition，ED）是一种便捷的制备 M-金属基电极的方法。该工艺高效且产品与基体黏合牢固。与上述两种方法相似,电化学沉积也属于表面化学反应的范畴。电化学沉积可分为阳极氧化沉积和阴极还原沉积。阳极氧化沉积是在阳极表面将金属原子转变为高价阳离子,与溶液中的 OH^- 结合后形成氢氧化物膜,金属基体通常用作牺牲模板和还原剂。在阴极还原沉积过程中,原料中溶解的阳离子和阴离子易于在阴极上结合,通过调节沉积条件(如电流、pH 和时间)可以在电极表面上获得所需的材料。电解质是将原材料的可溶性盐溶解到水中获得的。在典型的三电极系统中,如果将 Pt 用作对电极,可以通过循环伏安法来实现电化学沉积。

6. Ru/NF 在析氢反应中的应用

虽然贵金属(Pt、Ru、Rh、Ir 等)基材料是电解水活性最好的催化剂,但价格贵、储量低且稳定性差一直是它们实际应用的阻碍。然而,基于其卓越的催化活性,科研人员对它的探索一直未曾止步。近年来,科研人员致力于开发各种方法使贵金属基材料的活性和稳定性提高的同时降低贵金属负载量,以达到节约催化剂成本的目的。

将活性金属的尺寸减小到纳米团簇或者金属单原子时,催化剂因其最大的原子利用率和卓越的催化性能成为一种新的前沿催化剂。但是,超小尺寸所带来的高表面自由能使纳米团簇或者金属单原子的合成面临很大的挑战;高的反应活性导致纳米团簇或者金属单原子在合成和催化过程中易聚集成纳米晶,使其大规模应用受到限制。引入高比表面积的支撑材料使其与金属原子发生相互作用是克服这一现象的有效策略。构建贵金属/过渡金属基复合材料是克服贵金属成本高、储量低和过渡金属活性差的有效方法。该方法将廉价的过渡金属与贵金属结合起来,既能保持贵金属优良的内在活性,又能降低催化剂的成本,这是可持续能源发展所迫切需要的。

三、实验仪器与试剂

1. 仪器

箱式烘箱,真空干燥箱,CHI 760E 电化学工作站,电子天平,石墨棒电极,标准 Hg/HgO 参比电极,泡沫镍自支撑电极,X 射线粉末衍射仪,透射电镜,扫描电子显微镜,高分辨透射电镜,X 射线能谱仪,光电子能谱分析仪。

2. 试剂

$RuCl_3 \cdot xH_2O$，甲醇溶液，KOH 溶液（1.0 mol/L），无水乙醇，蒸馏水，Nafion 溶液。

四、实验步骤

1. Ru/NF 合成

将 50 mg $RuCl_3 \cdot xH_2O$ 溶解于装有 25 mL 甲醇的聚四氟乙烯内胆中，均匀混合后将一片 2.0 cm×3.0 cm 泡沫镍竖直浸入溶液中，将高压反应釜在烘箱中以 130 ℃反应 2 h。反应结束后使之冷却至室温，用无水乙醇小心冲洗泡沫镍表面，然后将其置于 60 ℃真空干燥箱中 1 h，制得 Ru/NF。

2. 样品表征

利用 X 射线粉末衍射（XRD，日本理学公司的 D/max2500/PC 衍射仪）对样品的物相进行分析，由衍射峰的位置和峰形判断相组成、结晶取向，工作电压为 40 kV，工作电流为 100 mA，阴极靶材料为 Cu 靶（高强度的 Cu Kα 线，$\lambda = 0.154\ 056$ nm，2θ 角度扫描范围为 0°～90°）。

利用透射电镜（TEM，日立 H-7650）对样品进行形貌分析，电压为 80 kV。用冷场发射扫描电子显微镜（SEM，HITACHI S4800）对样品进行形貌分析。用高分辨透射电镜（HRTEM，JEM-2010CX 型电子显微镜）对样品的微结构进行分析，工作电压为 200 kV。

利用 X 射线能谱（EDX，XJSM-5610LV-Vantage 型 X 射线能谱仪）测定样品表面元素组成。

用光电子能谱分析仪（XPS，VG ESCALAB MKII 型光电子能谱仪）对样品的金属元素的价态进行分析，相应的加速电压和工作电流分别为 12.5 kV 和 20 mA，真空系统压力为 2×10^{-9} kPa。

3. 样品的析氢性能测试

采用三电极系统，以石墨棒电极作为对电极，以标准 Hg/HgO 电极作为参比电极，以自支撑泡沫镍作为工作电极，1.0 mol/L 的 KOH 作为电解质溶液。将 2.0 cm×3.0 cm 的泡沫镍裁剪成 0.5 cm×0.5 cm 或 1.0 cm×1.0 cm，再将5 μL Nafion 溶液（质量分数为 1%）滴在泡沫镍样品表面，烘干后用于测试。首先在

N_2 饱和的电解质溶液中进行循环伏安(CV)扫描,电位范围在 $-0.50 \sim -1.50$ V 循环 50 次,扫描速率为 100 mV/s,以去除任何表面污染,然后进行线性伏安(LSV)扫描,电位范围为 $-0.50 \sim -1.50$ V,扫描速率为 5 mV/s。

所有测试电位需换算成可逆氢电极(reversible hydrogen electrode, RHE),其计算公式如下:

$$E_{RHE} = E_{参比电极} + 0.059 \times pH + E_{测量} \qquad (4-6)$$

五、数据记录与处理

1. 进行 Ru/NF 结构表征。
2. 收集线性扫描伏安法(LSV)获得的不同催化剂的极化曲线(Ru/NF;NF)。
3. 查阅文献,比较电流密度为 100 mA/cm² 和 500 mA/cm² 处的过电位。
4. 计算相应样品的塔菲尔斜率。

六、展望

自支撑催化剂是活性组分原位生长在电极上而无须黏结剂的优质催化材料,能够明显加快电解水的速率,对加快水裂解反应的速率具有重要意义和作用。未来我们可以致力于深入研究电催化析氢反应的机理,通过优化现有材料来寻找氢吸附自由能适中的催化剂,并努力开发出能够在较宽 pH 范围内的电解液中进行 HER 反应的析氢催化剂。

-- 参考文献 --

[1] LI J C, ZHOU Q W, SHEN Z H, et al. Synergistic effect of ultrafine nano-Ru decorated cobalt carbonate hydroxides nanowires for accelerated alkaline hydrogen evolution reaction[J]. Electrochimica Acta, 2020, 331, 135367.

[2] KONG D S, Wang H T, CHA J J, et al. Synthesis of MoS₂ and MoSe₂ films with vertically aligned layers[J]. Nano Letters, 2013, 13: 1341-1347.

[3] YANG Y Q, ZHANG K, LING H L, et al. MoS₂-Ni₃S₂ heteronanorods as efficient and stable bifunctional electrocatalysts for overall water splitting[J]. ACS Catalysis, 2017, 7(4): 2357-2366.

实验 18 掺杂氧化铈基纳米材料的可控合成及在固体氧化物燃料电池中的应用

一、实验目的

1. 掌握 Sm 掺杂 CeO_2 纳米材料的可控合成及表征。
2. 掌握 Sm 掺杂 CeO_2 纳米材料复合电解质的制备。
3. 掌握 Sm 掺杂 CeO_2 纳米材料复合电解质的陶瓷燃料电池的性能测试。
4. 了解陶瓷燃料电池的基本原理。
5. 掌握 Sm 掺杂 CeO_2 纳米材料在电解质中的应用。
6. 了解电分解固体电解质的发展动向。

二、实验原理

1. 陶瓷燃料电池简介

固体氧化物燃料电池(solid oxide fuel cell,SOFC,又名陶瓷燃料电池)是一种将存储在燃料中的化学能直接转换为电能的电化学能源转化装置。它具有发电效率高、全固态结构、燃料取材广泛等优点,成为清洁能源领域的研究热点。根据电解质传导离子种类的不同,可以将 SOFC 分为两类:氧离子导体基燃料电池(O-SOFC)和质子导体基燃料电池/质子陶瓷燃料电池(P-SOFC/PCFC)。为了发展适用于中低温(300 ℃~700 ℃)且成本较低的 SOFC 技术,主要采取两条技术路线:一是使用薄膜技术降低电解质的厚度,进而减小电解质的电阻,从而使传统的材料可以在较低温度使用;但是受薄膜技术的限制,电解质厚度也不可能无限减薄,因而电池的电阻下降有限。二是发展新材料,即发展具有足够高的离子电导率的新型材料,使之能够在中、低温依然保持良好的性能和功率输出。因此,本实验致力于研制新型低温固态电解质材料,完成相关的材料设计、制备与表征分析,并基于此组装燃料电池器件,对器件进行电化学性能测试与验证。

固体电解质材料必须具备以下条件:高的离子电导率;电子电导率可以忽略不计;在从室温到操作温度甚至更高的制备温度的整个温度范围及强氧化和还原气氛下,保持化学、物相和微结构稳定;与电极、密封材料相容;能制备高强度的致密薄膜;成本低、无毒等。

目前在 SOFC 中得到广泛应用的固体电解质材料主要有 O^{2-} 传导的萤石结构的 ZrO_2 基、CeO_2 基和钙钛矿结构的 $LaGaO_3$ 基氧化物。无论属于何种晶体结构,晶格中存在随机分布的氧空位缺陷是氧化物电解质具有离子导电性的必要条件。在萤石结构中 A 离子按面心立方排列,O^{2-} 占据所有的 A 离子形成的四面体的中心,并存在大量的八面体空位,因此它是一种开放型结构,可以实现快速离子扩散。当掺杂低价阳离子时,为保持整体的电中性,晶格内会产生大量的氧空位。

2. 陶瓷燃料电池工作原理

固体氧化物燃料电池是通过一种离子传导陶瓷将燃料和氧化剂气体中的化学能直接转化为电能的发电装置。与其他燃料电池相比,SOFC 能量转换效率高、全固态结构操作方便。与目前正在应用开发的作为电动汽车动力电源的质子交换膜燃料电池相比,具有燃料适用面广、不须用贵金属催化剂等优点,因此被认为是最具发展前途的燃料电池。

陶瓷燃料电池电化学反应过程:

阴极反应:氧分子得到电子被还原为氧离子。

$$O_2 + 4e^- \longrightarrow 2O^{2-}$$

氧离子在电解质膜两侧电位差和浓差作用下,通过电解质膜的氧空位,传递到阳极侧,并与阳极燃料发生氧化反应。当燃料为氢时,反应为:

$$2O^{2-} + 2H_2 \longrightarrow H_2O + 4e^-$$

总反应为:

$$2H_2 + O_2 \longrightarrow H_2O$$

在陶瓷燃料电池中,固体电解质起传递 O^{2-} 和分隔燃料与空气的双重作用,燃料电池作用时,O^{2-} 通过电解质由阴极流向阳极,电子经外电路由阳极流向阴极,如图 4-7 所示。固体电解质是燃料电池的核心部件,其性能不但直接影响电池的工作温度及能量转换的效率,还决定了所需匹配的电极材料及其相应制备技术的选择。

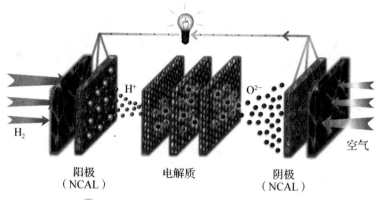

阳极
（NCAL）　　电解质　　阴极
（NCAL）

图4-7　陶瓷燃料电池电化学反应装置图

3. 掺杂氧化铈基电解质材料的研究现状

CeO_2 和 SDC 晶体结构图如图 4-8 所示。掺杂 CeO_2 是一类研究比较成熟的电解质材料,在 800 ℃ 以下,掺杂 CeO_2 的离子电导率比传统氧化钇稳定的氧化锆高几倍到几个数量级,而且活化能较低。目前研究使用最多的是 Gd_2O_3-CeO_2（GDC）和 Sm_2O_3-CeO_2（SDC）体系。Gd^{3+}、Sm^{3+} 与 Ce^{4+} 的离子半径相近,缺陷结合能较低。研究表明,$Ce_{0.9}Gd_{0.1}O_{1.95}$ 在 500 ℃ 时的电导率接近 10^{-2} S/cm,采用成熟的薄膜化技术即可用于中低温燃料电池。基于量子力学第一性原理的研究指出,理想掺杂剂的有效原子数应当在 61（Pm）和 62（Sm）之间,这意味着两种或多种合适的镧系元素对 CeO_2 进行共掺杂可以提高离子电导率,如 Nd/Sm 和 Pr/Gd 体系。大量的实验研究也表明,多元素掺杂 CeO_2 的电性能优于单元素掺杂 CeO_2,其中报道的离子电导率最高的是 Gd/Y 体系,组成为 $Ce_{0.8}Gd_{0.05}Y_{0.15}O_{1.9}$,在 500 ℃ 时其电导率达到 0.013 S/cm,比 $Ce_{0.8}Gd_{0.2}O_{1.9}$ 的电导率高出 3 倍。

掺杂 CeO_2 电解质最大的缺点是在还原气氛下显出不可忽略的电子导电性,而电子导电会导致电池内部短路,从而降低电池的输出功率和燃料使用率。

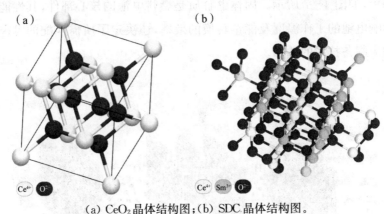

(a) CeO₂晶体结构图；(b) SDC 晶体结构图。

图 4 - 8　CeO₂ 和 SDC 晶体结构图

4. 电池性能评价方法

（1）理论电动势（η）：氢氧燃料电池的理论电动势电压为 1.23 V，然而，在实际测试过程中，在活化损失、欧姆损失以及浓差损失带来的电压降的影响下，实际氢氧燃料电池的开路电压比 1.23 V 小。燃料电池电解质主要用于传输离子，阻止电子传输，一般情况下，燃料电池的开路电压超过 1 V 以上，可判断电池基本没有发生短路。

（2）电流密度-电压（I-V）：I-V 型曲线是判断燃料电池性能的重要参数。将所制备的陶瓷燃料电池器件装配到测试夹具上，将操作温度设定为 450 ℃、500 ℃、550 ℃，在电池的阳极通入氢气（流量为 120 mL/min）、阴极通入氧气（流量为 150 mL/min），将可编程电子负载的正极与燃料电池阴极连接，电子负载的负极与阳极连接，程序设定初始电流为 0 A，终止电流为 2 A，步长为 0.02 A。

（3）功率密度-电压（I-P）：I-P 型曲线是判断燃料电池性能的重要参数。将所制备的陶瓷燃料电池器件装配到测试夹具上，设定不同的操作温度（450 ℃、500 ℃、550 ℃），在电池的阳极通入氢气（流量为 120 mL/min）、阴极通入氧气（流量为 150 mL/min），将可编程电子负载的正极与燃料电池阴极连接，电子负载的负极与阳极连接，程序设定初始电流为 0 A，终止电流为 2 A，步长为 0.02 A。

（4）电化学阻抗（EIS）：电化学阻抗也是衡量反应动力学的一个标准，其值的大小可以直观地通过观察阻抗谱中半圆的直径来了解，直径越小，代表电荷转移电阻（R_{ct}）值越小，内部的电荷转移速度越快，反应速率也越快。一般情况下，同一测试条件下，随着过电位的增加，R_{ct}值随之减小。

（5）稳定性：稳定性是评价陶瓷燃料电池性能的一个重要参数。一般采用定电流密度下测量电池电位与时间之间的关系来评价稳定性。

5. 电解质制备

陶瓷燃料电池电解质由陶瓷氧化物构成。一般可采用溶胶-凝胶法、沉淀法等制备所需要的陶瓷粉体材料。

（1）溶胶-凝胶法（sol-gel）是将金属的醇盐或无机盐水解直接形成溶胶或经解凝形成溶胶，然后使溶质集合胶化，制成薄膜或直接干燥，热处理去除有机成分，最后得到纳米微粒或块体无机材料。将硝酸铈和硝酸钐按一定的化学式计量比溶入去离子水，加入柠檬酸作为络合剂，充分搅拌并加热，直至获得凝胶，放入干燥箱干燥，并置于马弗炉中煅烧（800 ℃，4 h），将得到的材料充分研磨，即可得到所需要的 Sm 掺杂的 CeO_2 电解质材料。

（2）共沉淀法（co-precipitation method）：采用共沉淀法制备的工艺示意图如图 4-9 所示。硝酸铈和硝酸钐按化学式计量比混合，加入去离子水制备 0.2 mol/L的溶液，滴加 0.5 mol/L 的碳酸氢铵水溶液作为沉淀剂，获得沉淀物，经过多次抽滤、清洗后，在 800 ℃煅烧 4 h，获得掺杂氧化铈。

三、实验仪器与试剂

1. 仪器

箱式烘箱，真空干燥箱，Gamary Reference 3000 电化学工作站，电子天平，电子负载，压片机，测试炉，马弗炉，透射电子显微镜，扫描电子显微镜，高分辨率透射电子显微镜，X 射线粉末衍射仪。

2. 试剂

$Ce(NO_3)_3 \cdot 6H_2O$，$Sm(NO_3)_3 \cdot 6H_2O$，NH_4HCO_3，无水乙醇，蒸馏水，工业级 NCAL，松油醇，泡沫镍。

应用化学综合实验

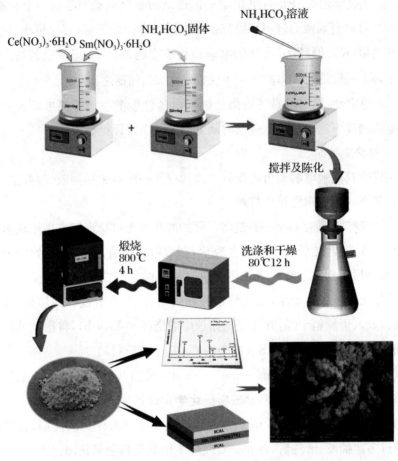

图 4-9 共沉淀法制备材料示意图

四、实验步骤

1. 掺杂氧化铈的合成

Ce(NO₃)₃·6H₂O 和 Sm(NO₃)₃·6H₂O 按化学式计量比溶入 50 mL 去离子水。将 0.1 mol NH₄HCO₃ 作为沉淀剂溶入 100 mL 去离子水中,在搅拌的条件下将 NH₄HCO₃ 溶液滴加到 Ce(NO₃)₃·6H₂O 和 Sm(NO₃)₃·6H₂O 混合溶液中。滴加 NH₄HCO₃ 的混合溶液在室温的条件下搅拌 2 h,陈化 12 h 后再反复清洗,所获得的前驱体在干燥箱中干燥 12 h(80 ℃),再置于马弗炉中

138

煅烧 4 h(800 ℃)，即可得到所需要的 Sm 掺杂 CeO_2。将所得的样品进行充分研磨后，可作为 SOFC 的电解质材料。

2. 样品表征

采用透射电子显微镜、扫描电子显微镜和高分辨率透射电子显微镜对样品进行结构分析，通过透射电子显微镜仪器上配置的 X 射线能量色散谱对样品进行元素分析。通过 X 射线粉末衍射仪对样品的物相结构进行分析，并用 X 射线光电子能谱分析元素的价态，以 C1s 峰的结合能(284.6 eV)为标准，校准其他元素的结合能。

3. 陶瓷燃料电池器件的制备

电极制备：电极材料来自工业级 NCAL($Ni_{0.8}Co_{0.15}Al_{0.05}LiO_{2-\delta}$)，电极的制作方法为涂覆法。具体步骤是将 NCAL 与松油醇(按每 3 g NCAL 配 1 mL 的松油醇)混合均匀，制备 NCAL 浆料，将其均匀地涂覆在 2 mm 厚的泡沫镍上，然后使之在 120 ℃下干燥 30 min 后，用剪刀将其剪成直径为 13 mm、有效面积为 0.64 cm^2 的圆片，完成 Ni-NCAL 电极的制备。

器件制备：将不同比例的 Sm 掺杂 CeO_2 电解质材料(SDC)夹在两块电极之间，在 250 MPa 的压力下将三层结构压缩成一个圆片，完成单电池的制备。组装电池的直径为 13 mm。将压片得到的 Ni-NCAL/SDC/NCAL-Ni 结构组装到测试夹具上，在电池的两侧各添加泡沫镍为缓冲层，避免固定电池的过程中电池被压碎。

4. 陶瓷燃料电池性能测试

测试夹具与电池的接触面积为 0.64 cm^2。在 H_2 为燃料、空气为氧化剂的条件下，将气体流量控制在 120～150 mL/min，采用电子负载仪对组装后的电池进行功率输出性能测试。在开路电压(OCV)下，在 0.1 Hz～1 MHz 的频率范围内通过电化学工作站来测量电化学阻抗谱(EIS)，并采用合适的等效电路和 Z-Simp-Win 软件对测试数据进行拟合。测试在 450 ℃～550 ℃温度下进行，温度间隔为 25 ℃。

五、数据记录与处理

1. 进行掺杂氧化铈的结构表征。

2. 收集不同操作温度条件下的 I-V、I-P 电池性能曲线。

3. 查阅文献,比较开路情况、不同操作温度的 EIS 曲线(450 ℃、500 ℃、550 ℃)。

4. 计算相应样品的离子电导率。

六、展望

制备具有高离子电导率的陶瓷电解质,对陶瓷燃料电池的发展有着重要的意义。诺贝尔化学奖获得者 Goodenough 指出:陶瓷燃料电池的发展关键在于降低电池的操作温度,研制低温条件下具有高离子电导率的电解质。在未来的研究中,应致力于设计高离子电导率的陶瓷电解质,通过优化材料来设计离子传输的高速通道,并在高速通道上寻找最低活化能的位点,完成离子在电解质中的高速传输,大幅度提高陶瓷燃料电池的性能。

-------------------------------- 参考文献 --------------------------------

[1] 于雯珺.H$_2$/CO 为燃料的中温固体氧化物燃料电池 Ni 基阳极制备及改性研究[D].哈尔滨:哈尔滨工业大学,2019.

[2] ATSONIOS K, SAMLIS C, MANOU K, et al. Technical assessment of LNG based polygeneration systems for non-interconnected island cases using SOFC[J]. International Journal of Hydrogen Energy, 2021, 46(6): 4827 - 4843.

[3] MA M J, YANG X X, QIAO J S, et al. Progress and challenges of carbon-fueled solid oxide fuel cells anode[J]. Journal of Energy Chemistry, 2021, 56(5): 209 - 222.

实验 19　Ni-Co-S/NF 复合纳米结构的可控合成及超级电容器研究

一、实验目的

1. 掌握 Ni-Co-S/NF 纳米材料的可控合成及表征。

2. 掌握 Ni-Co-S/NF 纳米材料超电物理性能的测试方法。

3. 了解超级电容器的基本工作原理。

4. 掌握 Ni-Co-S/NF 纳米材料在超级电容器领域中的应用。

5. 了解超级电容器的发展动向。

二、实验原理

1. 超级电容器的储能机理

超级电容器的储能机理分为两类,分别为双电层电容(electric double layer capacitors,EDLC)和赝电容或准法拉第电容(pseudocapacitors)。相应的两类电容器为双电层电容器和赝电容电容器。

双电层电容器通过电极/电解质界面处发生的离子可逆吸附来储能。这类表面储能机理允许非常快的能量储存和释放,因此具有很好的功率特性和循环稳定性,通常使用具有高比表面的碳基材料做电极材料。

赝电容电容器利用活性物质发生电化学吸附/脱附或者氧化还原反应来储能。赝电容电极的比电容(通常为 $300 \sim 1\,000$ F/g)大大超过碳基材料的比电容(一般为 $100 \sim 250$ F/g),其中电极活性物质主要为金属氧化物、金属氢氧化物和导电聚合物。

(1) 双电层超级电容器的储能原理

双电层电容器基础研究的经典理论模型主要有三个:亥姆霍兹

(Helmholtz)的紧密双电层理论模型、古依-恰普曼(Gouy-Chapman)的分散层理论模型和斯特恩(Stem)的紧密扩散层理论模型。

① 亥姆霍兹(Helmholtz)的紧密双电层理论模型

亥姆霍兹模型认为在电极插入电解液时,电极表面的静电荷吸附溶液中的离子,在电极/溶液界面的一侧,距电极一定距离的地方排成一排,形成一个电荷数量和电极表面剩余电荷数量相等而电性相反的界面层,即所谓的亥姆霍兹层,在这个界面层当中由于存在位垒,两侧电荷都不能越过边界,因而形成类似于平板电容器的"双电层"电容。双电层电容 C 可以表示为:

$$C = \frac{\varepsilon_r \varepsilon_0 A}{d} \tag{4-7}$$

式中:ε_r 是双电层内部的介电常数;ε_0 是真空介电常数;A 是电极的表面积;d 是双电层的厚度(或称致密层的厚度)。

② 古依-恰普曼(Gouy-Chapman)模型

考虑到粒子热运动的作用,电极和溶液两相中的带电粒子不可能完全紧贴着电极分布,因此,Gouy 和 Chapman 对亥姆霍兹模型进行改进,提出分散层理论,即紧靠电极表面时,电性相反的离子浓度最大,随着与电极表面的距离增大,电性相反的离子浓度降低,形成一个连续的扩散层。该模型的双电层电容由下式计算:

$$C = C_0 \, e^{-\left(\frac{\psi z e}{kt}\right)} \tag{4-8}$$

式中:C_0 为反离子在电势为零处的浓度;z 为离子的离子价;e 为一个质子的电量;k 为波耳兹曼常数;ψ 为表面附近溶液中的电势分布。

③ 施特恩(Stem)模型

施特恩模型是将早期的 Helmholtz 双电层模型与 Gouy-Chapman 双电层模型结合进行修正,认为整个电极与溶液界面的双电层由紧密层和扩散层两部分构成,因此双电层电容可以看作是由紧密层电容和扩散层电容串联构成:

$$\frac{1}{C_{dl}} = \frac{1}{C_H} + \frac{1}{C_{diff}} \tag{4-9}$$

从根本上决定双电层电容的因素包括电极材料(导体或半导体)、电极表面积、电极表面的可接触性、跨越电极的电场和电解液/溶剂的特性(即它们的界面、大小、电子对亲核性和偶极矩)。

(2)赝电容电容器的储能原理

赝电容储能主要包括三种类型:① 高度可逆的化学吸附和脱附,如铂或金表面吸附氧原子;② 快速可逆的氧化还原反应;③ 导电聚合物可逆的电化学掺杂、脱掺杂。例如,基于金属氧化物赝电容器的快速可逆的氧化还原反应的储能过程一般如下:电解液中的离子(H^+ 或 OH^-)在外加电场的作用下由溶液中向电极/溶液界面扩散,通过界面的电化学反应进入电极表面活性氧化物的体相中(如图4-10)。其充放电反应过程如下:

酸性条件:$MO_x + H^+ + e^- \leftrightarrow MO_{x-1}(OH)$

碱性条件:$MO_x + OH^- - e^- \leftrightarrow MO_x(OH)$

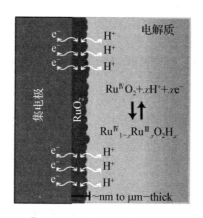

图4-10 赝电容的反应机理

由于采用具有较大比表面积的氧化物电极材料,就会有相当多的类似的电化学反应发生,因此电极中会存储大量的电荷。根据上述的准可逆反应,放电时进入氧化物中的离子又会重新回到电解液中,所存储的电荷也会通过外电路释放出来。

2.超级电容器的组成

图4-11是超级电容器的简单结构和原理的示意图。如图所示,超级电容器由集电极、电极、电解质、隔膜和引线构成。其中电极材料一般是导电性

比较好、具有较大比表面积的材料。在多孔极板上加上电,正极板吸引电解质中的负离子,负极板吸引正离子,形成两个电容性的存储层,被分离开的正离子在负极板附近,负离子在正极板附近。两个电容层之间形成一定的电势差,以达到能量存储的目的。

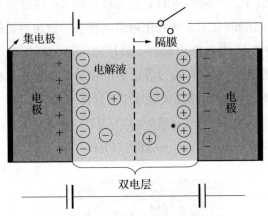

图 4-11 超级电容器储能设备组成的结构示意图

3. 超级电容器物理性能评价标准

通过进行循环伏安法(CV)、恒定电流充放电测试(GCD)、交流阻抗(EIS)等测试,可以对单电极或者器件的电化学性能进行评估。

(1) 比电容

超级电容器的电容量反映了其存储电荷的能力,主要取决于所选用的电极材料的本征性质。单位质量、单位面积和单位体积的电容量分别称为超级电容器的质量比电容、面积比电容和体积比电容,单位分别为 F/g、F/cm^2 和 F/cm^3,是电容器的重要指标参数。其测量方法一般有循环伏安法和恒流充放电法。

(2) 比能量

比能量是指单位质量或单位体积的超级电容器所容纳的能量,直接反映电容器储存电荷的能力,因此在评价超级电容器的性能时,比能量是最为关键的性能指标。作为储能元件,希望超级电容器的储能密度越高越好,这样更有利于储能系统的轻型化和小型化。

（3）比功率

比功率是指单位质量或单位体积的超级电容器在匹配负荷下产生电/热效应各半时的放电功率,反映超级电容器快速充放电能力。在评价超级电容器的性能时,比功率也是很重要的指标。

（4）阻抗性质

电化学交流阻抗谱技术是用于研究电极反应和反应界面的一种重要手段,能够提供有关的机理信息,包括吸/脱附、欧姆电阻、电极界面结构以及电极过程动力学等。

（5）循环稳定性

循环寿命在评价电容器的性能方面尤其重要。超级电容器的优势就在于其主要依靠物理的或者近表面电极材料法拉第赝电容存储能量,因此,在理论上不会受到循环寿命的限制。但是实际上由于各种电阻的存在,尤其是赝电容电容器,会大大降低其循环稳定性,因而降低内电阻成为超级电容器发展的另一个重要挑战。

4. 镍钴硫化物纳米材料研究现状

单纯的镍钴硫化物一般可以用化学式 $Ni_xCo_{3-x}S_4(0<x<3)$ 来表示,属于尖晶石型结构立方晶系。以 $NiCo_2S_4$ 为例,晶体结构中 S 以立方最紧密堆积,Ni 和 Co 分别占据四面体位置和八面体位置,在一个晶胞中,仅占八面体位置的一半,占四面体位置的八分之一,如图 4-12 所示。从化学键的角度来看,M—S 键的化学键结合较弱,热力学稳定性也较差。根据已有的研究发现,镍钴硫化物具有很明

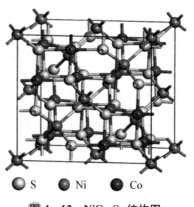

图 4-12　$NiCo_2S_4$ 结构图

显的金属特征,在 2 K 的温度下测得其载流子浓度接近银中的载流子浓度,以至于镍钴硫化物的导电性比相应的氧化物高出约 100 倍,并且 $NiCo_2S_4$ 也具有类似于半导体的性质。三元过渡金属硫化物相比于它们的氧化产物,不仅能够提供更多发生氧化还原的活性位点,还具有更优越的电子传输能力。其

中 $NiCo_2S_4$ 因带隙能量较低,还具有较高的可逆容量、优异的热稳定性和机械稳定性,常被用作超级电容器的电极材料。

镍钴硫化物的制备方式主要有水热法、溶剂热法等。

水热法是制备纳米结构材料的一种方法,是通过对水热反应釜进行加热,创造高温高压环境来提高反应物的化学反应发生概率以及反应速度。相比于其他方法,水热法拥有许多优点,如反应所使用的溶液一般是水、乙醇或者其他的水溶液,这样的好处是溶液本身的污染小且获取容易、价格便宜;以水或水溶液作为反应的介质,便意味着进行反应的物质不必进行脱水和干燥处理,这样就减少了材料和能源的损耗,同时,水既可以作为介质,也可以充当化学反应的反应物质,如果是一些特殊的介质甚至可以充当催化剂,从而提高化学反应的速度;密闭的水热反应釜能够将反应控制在一个密封的范围内,不对环境造成污染。总而言之,水热法具有制备简单、价格低廉、环保以及制备效果好等优点,是常用的制备纳米材料的方法。

溶剂热法是基于水热法发展而来的一种方式,它的原理与水热法类似,区别为它所使用的溶剂不同。溶剂热法制备的原理可以简单地阐述为将溶剂混合在一起,使用特定的容器将混合物加热到溶液沸点临界值附近时,溶剂自发产生化学反应形成所需材料。溶剂热法与水热法相比,优势在于它能够合成一些在水热法条件下无法形成的化合物;制备出来的材料粉末更细,属于超微细粉,细粉的形态也更多;能够制备更多种类的材料,包括氧化物、硫族化合物等,对金属材料的制备也有很好的适用性。

5. 样品超电性能测试方法

对于制成的电极材料的电化学性能,一般采用三种测量方式:循环伏安法(CV)、循环充放电曲线测试(CCD)、交流阻抗(EIS)。

(1)循环伏安法

循环伏安法是通过检测电极材料的氧化还原行为,来判断电极材料是否有电化学反应行为、是否可逆以及它的性能如何的一种手段。除此以外,它还能根据分析体系中的金属离子的氧化还原行为,得出金属离子的还原电位,从而为实验得到一个大致的范围参考。

（2）循环充放电曲线测试

循环充放电曲线测试的原理和循环伏安法的原理类似，也是检测电极材料的电化学性能的一大重要手段。操作方法是通过施加电流，使电极材料产生自发的充放电行为，测量出 CCD 曲线，根据充放电的时间来计算三电极体系下电极材料的实际电容值。同一电流下的多次循环充放电能够反映出电极材料的稳定性情况。不同电流致使电流密度不同，从而得出在不同电流密度下电极的电容保持率，以此来判断该电极材料的倍率性能如何。

（3）交流阻抗

交流阻抗是测试电极材料自身阻值和溶解接触电阻的重要电化学测试技术。其主要通过小振幅的正弦频率电压和电流的干扰，产生相应的信号，从而得到相应的阻抗数据。通过对得到的阻抗数据的拟合和分析，可以得出材料的反应动力学，通过比较电极材料的电荷转移电阻以及电容电阻的大小，来计算材料的电子运输能力，也就是判断电子转移的速度如何，是否更容易且迅速。

三、实验仪器与试剂

1. 仪器

箱式烘箱，真空干燥箱，GAMRY Reference 3000 电化学工作站，电子天平，铂电极，标准 Hg/HgO 参比电极，超声波清洗器，水热反应釜，透射电子显微镜，扫描电子显微镜，高分辨率透射电子显微镜，X 射线粉末衍射仪。

2. 试剂

KOH 溶液（6.0 mol/L），无水乙醇，蒸馏水，氯化镍试剂，氯化钴试剂，硫脲试剂，乙二醇溶液，泡沫镍。

四、实验步骤

1. $NiCo_2S_4$ 样品的制备

第一步，将 1 cm×1 cm 大小的泡沫镍用乙醇和去离子水在超声波清洗器中反复清洗 3 次，去除泡沫镍上的杂质，烘干备用。第二步，将氯化镍、氯化钴以及硫脲分别以 1∶2∶1.5、1∶1.5∶1.5、1∶1∶1.5 以及 2∶1∶3（摩尔质量比)的比例称量并制成四组混合药品,用去离子水与乙二醇以 1 : 1 的体积比配制 20 mL 混合溶液作为反应溶剂,以氯化镍为基准将溶液浓度控制为 1 mol/L,磁力搅拌半个小时将它们溶解。第三步,将四片准备好的泡沫镍分别放入四组溶液中,再放入 50 mL 的水热反应釜中,水热反应釜放入恒温烘箱,以 90 ℃的温度保持 12 h。第四步,待温度自然冷却到室温,取出样品,使用乙醇与去离子水交替反复清洗三次,去除表面残留物,之后在 80 ℃的恒温干燥箱中干燥 12 h,得到测试用电极材料。

2. 样品表征

采用透射电子显微镜、扫描电子显微镜和高分辨率透射电子显微镜对样品进行结构分析,通过透射电子显微镜仪器上配置的 X 射线能量色散谱对样品进行元素分析。通过 X 射线粉末衍射仪对样品的物相结构进行分析,并利用 X 射线光电子能谱分析元素的价态。

3. 样品的超电性能测试

得到所需的电极材料之后,使用型号为 GAMRY Reference 3000 的电化学平台对其超电性能进行测试。三电极体系中,所用的电解液是浓度为 6.0 mol/L 的 KOH 溶液。测量 CV 曲线所用频率为 5 ～100 mV/s。测量电极材料 CCD 所用的电流密度为 1～10 A/g。

测出所需数据之后,通过式(4 - 10)来计算比电容:

$$C_s = \frac{I\Delta t}{m\Delta V} \qquad (4-10)$$

五、数据记录与处理

1. $NiCo_2S_4$ 结构的表征。

2. 收集循环伏安法(CV)获得的不同电极的 CV 曲线和 CCD 曲线。

3. 计算相应样品的比电容和能量密度。

六、展望

本实验基于如何应用廉价、简单、易于商业化应用的合成方法来制备高性能的 Ni-Co-S 基超级电容器电极材料,通过水热法制备出作为超级电容器电极材料的 3D 镍钴硫化物,以比电容、倍率性能和功率、能量密度等主要性能指标,在超级电容器用镍钴硫化物材料的设计、制备和电化学性能等方面做出了一系列有意义的尝试性、探索性的工作。在此工作基础上,下一步的首要工作将继续探索增大三维纳米材料储能能力的优化方案,在孔隙率、致密性、有效比表面积、导电性等方面进行调控,以进一步提高镍钴硫化物作为超级电容器电极材料的电化学性能。

参考文献

[1] SEVILLA M, MOKAYA R. Energy storage applications of activated carbons: supercapacitors and hydrogen storage[J]. Energy and Environmental Science, 2014, 7(4): 1250 - 1280.

[2] WANG G P, ZHANG L, ZHANG J J. A review of electrode materials for electrochemical supercapacitors[J]. Chemical Society Reviews, 2012, 41(2): 797 - 828.

[3] KANDASAMY S K, KANDASAMY K. Recent advances in electrochemical performances of graphene composite electrode materials for supercapacitor: a review[J]. Journal of Inorganic Organometallic Polymers and Materials, 2018, 28(3): 559 - 584.

[4] WANG H F, XU Q. Materials design for rechargeable metal-air batteries[J]. Matter, 2019, 1(3): 565 - 595.

[5] YUE T, XIA C F, LIU X B. Design and synthesis of conductive metal-organic frameworks and their composites for supercapacitors[J]. ChemElectroChem, 2021, 8(6): 1021 - 1034.

参考文献

[1] 汪建民.基础化学实验[M].北京:化学工业出版社,2013.

[2] 吴俊森.大学基础化学实验[M].北京:化学工业出版社,2010.

[3] 蒋晶洁,康旭珍,徐春祥.大学化学实验[M].北京:高等教育出版社,2011.

[4] 路建美,黄志斌.综合化学实验[M].2版.南京:南京大学出版社,2014,

[5] 郎建平,卞国庆,贾定先.无机化学实验[M].3版.南京:南京大学出版社,2018.

[6] 颜光美.药理学[M].北京:高等教育出版社,2004.

[7] 童林荟.环糊精化学:基础与应用[M].北京:科学出版社,2001.

[8] 王敬尊.分析化学的"昨天、今天和明天"[J].大学化学,2018,33(08):47—51.

[9] 王春霞,毛兰群,黄岩谊,等.化学测量学"十四五"发展规划概述[J].中国科学:化学,2021,51(7):944—957.

[10] 霍冀川,张树永,朱亚先,等.基于化学的"化学测量学与技术"新工科专业建设建议[J].大学化学,2020,35(10):11—16.

[11] 蔡称心,陈静,包建春,等.碳纳米管在分析化学中的应用[J].分析化学,2004,32(3):381—387.

[12] 苏小舟,黄鑫,郑瑾.工程教育认证理念下精细化学与合成化学课程改革实施与探索[J]化学教育,2022,43(20):30—35.

[13] 方岩雄,熊绪杰,王亚莉,等.绿色合成——21世纪的有机合成[J].合成化学,2003(3):213—218,256.

[14] 杨振梅,王勇,董仲生,等.活性染料循环套用染色技术[J],染料与染色,2023,60(1):32—35,48